Abriß der
Plattentektonik

Hubert Miller

Abriß der Plattentektonik

97 Abbildungen

Ferdinand Enke Verlag Stuttgart 1992

Prof. Dr. rer. nat. Hubert Miller
Institut für Allgemeine und Angewandte Geologie der
Ludwig-Maximilians-Universität München
Luisenstraße 37, D-8000 München 2

Die Deutsche Bibliothek – CIP-Einheitsaufnahme

Miller, Hubert:
Abriss der Plattentektonik / Hubert Miller.
– Stuttgart : Enke, 1992
ISBN 3-432-99731-0

Satz und Druck: Heinz Neubert GmbH, D-8580 Bayreuth
Filmsatz: 10/11 p Times, System MCS 10 5 4 3 2 1

Vorwort

Dieses Buch ist zum großen Teil in freien Stunden auf dem Polarforschungsschiff „Polarstern" entstanden, während es meeresgeologischen und meeresbiologischen Aufgaben nachging, und der „hard rock"-Geologe auf den nächsten Landeinsatz wartete. Während dieser Zeit verdanke ich ROLF MEISSNER viele Anregungen und Hilfen. Unsicherheiten in manchen quantitativen Angaben und in Literaturzitaten wurden später geklärt und eingefügt, ebenso die meisten Abbildungen.

Frau ROTRAUD LENTNER danke ich für die Erledigung eines Teils der Schreibarbeit, Frau MARIANNE WERNER und Herrn LOTHAR HAUCK für Photoarbeiten. Frau SONJA SEIDL hat unermüdlich und sorgsam die Neu- und Umzeichnungen der Abbildungen ausgeführt.

Das Buch soll vor allem Studenten der Geowissenschaften ansprechen; Grundkenntnisse der Allgemeinen und der Historischen Geologie werden vorausgesetzt. Ein entsprechend vorgebildeter und interessierter Laie sollte es ebenfalls mit Nutzen lesen können. Versierte Plattentektoniker werden manche Dinge als zum geologischen Allgemeinwissen gehörig und daher nicht erklärenswert befinden, dagegen aber manche Einzelheit vermissen. Die Plattentektonik als gemeinsame Grundlage aller Geowissenschaften ist insgesamt ein so umfangreiches Feld geworden, daß ihre vollständige Beschreibung letztlich ein fünfbändiges Lehrbuch abgeben würde. Dies zu schreiben, ist weder Sinn dieses Buches noch wäre dies einer einzelnen Person möglich.

Auf weiterführende Literatur wird am Ende der Kapitel hingewiesen; häufige Zitate im Text hätten die Lesbarkeit — insbesondere für die angesprochenen Zielgruppen — sehr herabgesetzt. Zum Teil wurden die angegebenen Bücher und Aufsätze wegen ihrer historischen oder allgemeinen Bedeutung im Text zitiert. Andere werden genannt, weil sie leicht erreichbar sind oder dem interessierten Leser Einzelheiten zu den verschiedenen Kapiteln, insbesondere auch reichlich weitere Angaben zur Literatur vermitteln. Literatur-Hinweise finden sich außerdem, alphabetisch geordnet, in den „Literaturzitaten für Abbildungen" am Schluß des Buches.

Der Verfasser ist keineswegs ein Gegner der Plattentektonik in ihrer nun schon klassischen Form; doch scheute er sich nicht, die mit Antriebsmechanismus, „Hot spots" und „Mantle plumes", „Exotic terranes" und Intraplatten-Tektonik verbundenen Probleme aufzuzeigen. Es ist ein „deutsches" Buch — nicht nur in der Sprache. Dies kommt darin zum Ausdruck, daß häufiger als in den vielen amerikanischen Beiträgen, Sammelwerken und Lehrbüchern auf die „Vorbelastung" der mitteleuropäischen Strukturgeologie — und auch des Autors selbst — durch Autoren wie STILLE, AMPFERER und KRAUS eingegangen wird — positiv wie negativ.

Möge das Buch seinen Platz zwischen populärwissenschaftlicher Literatur, allgemeingeologischen Lehrbüchern und spezialisierten Originalarbeiten finden!

München, im Herbst 1991 HUBERT MILLER

Inhalt

1 Einführung

1.1 Geschichtlicher Rückblick

In den Geowissenschaften – wie in jeder Naturwissenschaft – erlebt man nur selten Entdeckungen, die bisherige Ansichten revolutionieren und für Jahrzehnte oder für alle Zeit Richtlinien für die Forschung setzen. Ein solches Ereignis war die Definition des stratigraphischen Grundgesetzes durch NICOLAUS STENO – Grundlage der Lithostratigraphie –, ein anderes die endgültige Bestätigung der Rolle der Fossilien als versteinerte Lebewesen zu Beginn des 19. Jahrhunderts und in der Folge ihre Benutzung als relative Zeitmarken. In der Geotektonik hatte sich einerseits die Rolle der Geosynklinalen als „Mütter" der Gebirge seit J.D. DANA und später H. STILLE durchgesetzt, andererseits die Kontraktionstheorie als anschauliche Erklärung für die äußeren und inneren Formen der Erdkruste. Beide Begriffe wurden fast hundert Jahre lang modifiziert und ausgebaut und bildeten die Grundlage der meisten tektonischen Darstellungen, die man grob und pauschal als „fixistisch" bezeichnen kann.

Die Entdeckung der horizontal bewegten alpinen Decken änderte daran wenig. „Mobilistische", weite Horizontalbewegungen von Krustenteilen fordernde Ideen, wie die Unterströmungstheorie von OTTO AMPFERER und ERNST KRAUS oder gar die Kontinentalverschiebungstheorie ALFRED WEGENERS, wurden von der geologischen Allgemeinheit angegriffen, vergessen oder bestenfalls bei der Aufzählung von geotektonischen Theorien in Lehrbüchern und Vorlesungen unter „ferner liefen" erwähnt. Unvorstellbar war die Idee einer Steuerung der Gebirgsbildung durch weitreichende horizontale Bewegungen statt von unten her, unglaublich schien die Annahme einer Wechselwirkung zwischen geophysikalisch und morphologisch so verschiedenen Krustenteilen wie den Kontinenten und den Ozeanen. Stratigraphie und Paläontologie bestätigten diese Unvereinbarkeit, fanden sich doch echt ozeanische Sedimente höchst selten in kontinentalen Bereichen.

Den Hochkratonen der alten, unbeweglichen Schildregionen der Kontinente wurden die Tiefkratone der Ozeane als Musterbeispiele geologischer Permanenz gegenübergestellt.

1.2 Grundbegriffe der Plattentektonik

Seit langer Zeit wird die Erdkugel in drei große, schalenförmige Bereiche eingeteilt: den **Erdkern**, den **Erdmantel** und, zu äußerst, die **Erdkruste** (Abb. 1.1). Die Abgrenzung dieser Einheiten erfolgt im wesentlichen durch ihr Verhalten gegenüber den Erdbebenwellen. Die Grenzen zwischen den Schalen stellen Sprünge in der Geschwindigkeit der seismischen Wellen dar. Der äußere Teil des Erdkerns

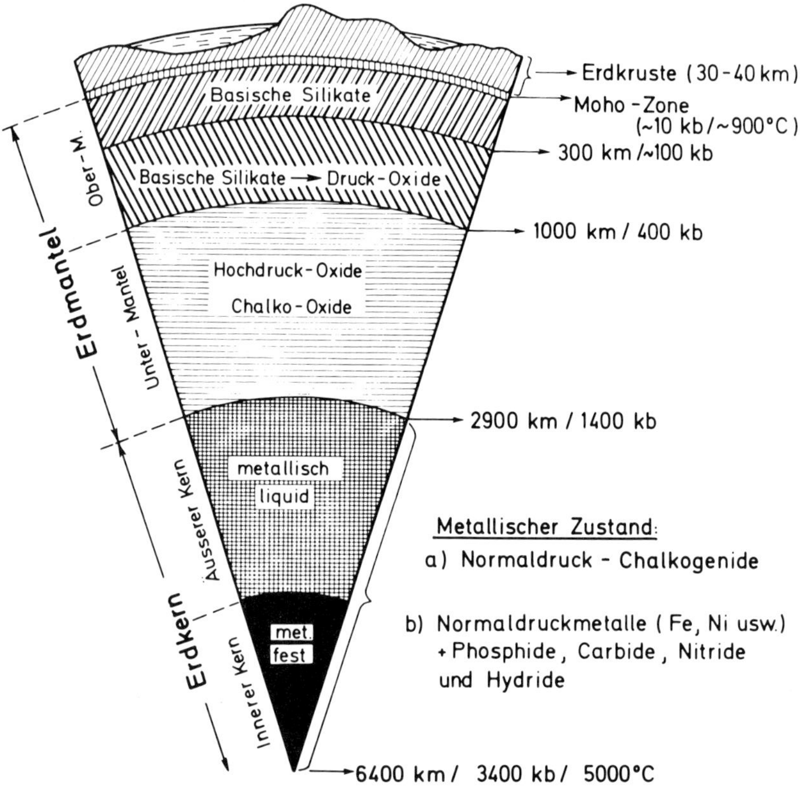

Abb. 1.1 Ein Schnitt durch die Erde zeigt ihren Schalenbau und den vermutlichen Zustand der Materie in den verschiedenen Tiefen. (Nach A. NEUHAUS aus ZEIL 1990, Abb. 220).

unterscheidet sich zusätzlich von allen übrigen Einheiten dadurch, daß er keine Scherwellen übermittelt; er verhält sich in dieser Hinsicht ähnlich wie eine Flüssigkeit, was nicht bedeutet, daß er flüssig im landläufigen Sinn wäre.

Die oberen 100 bis 200 km der Erdkugel, also die Erdkruste mit den obersten Teilen des Erdmantels, werden als **Lithosphäre** bezeichnet. Die **Plattentektonik** hat ihren Namen davon, daß diese Kugelschale in große und kleinere Kalotten gegliedert ist, die, obwohl gekrümmt, Lithosphären-Platten genannt werden. Diese Platten bewegen sich mit Geschwindigkeiten von einigen cm/Jahr voneinander weg oder aufeinander zu (Abb. 1.2). Dabei entsteht im ersten Fall zwischen beiden Platten am mittelozeanischen Rücken neue Lithosphäre (konstruktive Plattengrenzen; **Sea-floor spreading**), im zweiten Fall wird Lithosphäre in den tieferen Mantel hinabgeführt und verschwindet damit von der Erdoberfläche (destruktive Plattengrenzen; **Subduktionszonen**). Vom Wechselspiel dieser beiden Vorgänge — eben von der Plattentektonik — werden im wesentlichen alle Prozesse gesteuert, die in der Erdkruste ablaufen.

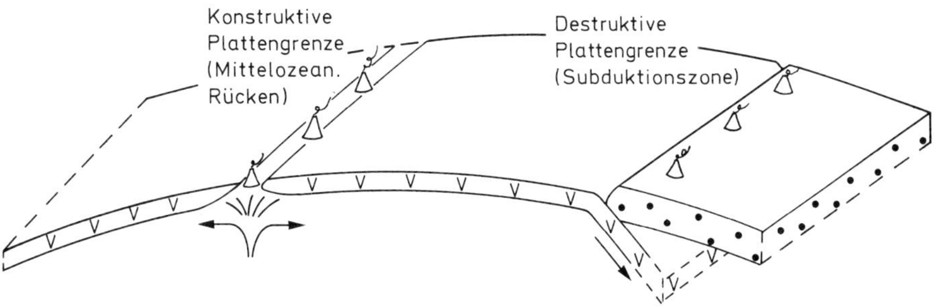

Abb. 1.2 Das Grundprinzip der Plattentektonik besteht in der fortwährenden Neubildung ozeanischer Lithosphäre in Spaltenzonen bei gleichzeitigem Abtauchen älterer Lithosphäre an sogenannten Subduktionszonen.

Die Entdeckung der magnetischen Streifenmuster der Ozeane durch VINE & MATTHEWS bestätigte Anfang der sechziger Jahre unvermutet rasch die 1961/1962 durch HESS und DIETZ aufgestellte Hypothese vom Sea-floor spreading. Dies waren die ersten Schritte zu einer unglaublich schnellen Revolutionierung der Geotektonik im Sinne mobilistischer Anschauungen. Sehr rasch folgten Untersuchungen zur Seismizität der Mittelozeanischen Rücken und die Deutung der orogenetisch aktiven Inselbögen und Kontinentränder als Subduktionszonen. Der Begriff Plattentektonik als Zusammenfassung der neuen Erkenntnisse tauchte um 1965 auf, dicht gefolgt vom Begriff New global tectonics, der die übergreifende Bedeutung der neuen Theorie hervorheben sollte, sich aber nicht durchgesetzt hat.

Seit Mitte der siebziger Jahre spielen gegenüber dem ersten Jahrzehnt der neuen Theorie, das von geophysikalischen Beobachtungen und Deutungen geprägt war, zunehmend petrologische und geochemische Erkenntnisse eine Rolle in der Weiterentwicklung der Plattentektonik. Die geochemische Unterscheidung von Basalt- und Granit-Typen verschiedener plattentektonischer Position und die Einbeziehung der Magmen- und Magmatit-Genese in die Entwicklung der Subduktionszonen seien hier genannt. Gleichzeitig erlaubten gerade die geochemischen Charakteristika rezenter plattentektonisch definierter Regionen auch die Bestimmung der plattentektonischen Position älterer, auch metamorpher Gesteine und Bereiche. Damit war die Möglichkeit gegeben, plattentektonische Modelle auch ohne Anwendung paläomagnetischer Methoden weit in die erdgeschichtliche Vergangenheit zu übertragen. Gleichzeitig, wenn auch wohl nicht ursächlich damit verbunden, wuchsen mit der steigenden Bedeutung der Geochemie für die plattentektonischen Konzepte auch Qualität und Vielfalt der Analysengeräte. So waren einer großen Zahl von Instituten bald die Apparatschaften an die Hand gegeben, sich aktiv messend an der weiteren Entwicklung der regionalen Anwendung plattentektonischer Konzepte zu beteiligen, die in den ersten Jahren im wesentlichen von der aufwendigeren paläomagnetischen Erforschung der Weltmeere getragen worden war.

In Deutschland, dessen geologische Institute in den fünfziger und sechziger Jahren noch sehr von Angehörigen der STILLE-Schule geprägt waren, hatte die neue Theorie anfangs große Schwierigkeiten sich durchzusetzen. Seit etwa Mitte der siebziger Jahre bewährt sich die Plattentektonik aber auch hier als schwer abzulehnende Grundtatsache der Geowissenschaften.

1.3 Zur Nomenklatur

Die einzelnen Begriffe der Plattentektonik sind in englischsprachigen Ländern, insbesondere in Nordamerika geprägt worden. Viele, leicht übersetzbare oder in anderem Zusammenhang schon vorhandene Wörter haben sich in der Folgezeit im deutschen Sprachraum als deutsche Wörter eingebürgert wie etwa die Begriffe „Mittelozeanischer Rücken" oder „Subduktionszone" („Verschluckungszone" bei AMPFERER). Andere Begriffe aber werden in ihrer englischen Version gebraucht, zumal die meiste über eine begrenzte Lokalität hinaus interessierende Literatur, auch die von deutschsprachigen Autoren in mitteleuropäischen Zeitschriften publizierte, auf englisch geschrieben wird. Lobenswerte Versuche, wie der von JACOBY (1980), für alle englischen Begriffe deutsche Übersetzungen einzuführen, haben kein allgemeines Echo gefunden. Sea-floor spreading kann man ins Deutsche halt nur „gespreizt" übersetzen, Mantle plumes schon gar nicht!

Ich halte es nicht für sinnvoll, gegen den allgemeinen Sprachgebrauch anzugehen, und gebrauche daher in diesem Buch deutsche Bezeichnungen nur dann, wenn sie im täglichen wissenschaftlichen Umgang üblich sind, sonst aber die eingebürgerten englischen Begriffe. Dabei versuche ich, sprachlich unschöne Verknüpfungen englischer Wörter mit deutschen zu vermeiden, schreibe also in der Regel Transform faults, nicht Transform-Verwerfungen.

Schwierigkeiten entstehen, wenn im Deutschen Wortverknüpfungen mit Bindestrich erfolgen müßten, im Englischen dagegen kein Bindestrich zu stehen hätte. Man möge mir hier Halbheiten verzeihen; ich bin mir des Problems bewußt!

Weiterführende Schriften

DIETZ, R.S. (1961): Continent and ocean basin evolution by spreading of the sea floor. – Nature, **190:** 854–857; London.

DIETZ, R.S. (1966): Passive continents, spreading sea floors, and collapsing continental rises. Amer. J. Sc., **264**: 177–193; New Haven, Conn.

GIESE, P. (Vorrede) (1983): Ozeane und Kontinente. – 248 S.; Heidelberg (Spektrum der Wissenschaft).

HESS, H.H. (1962): History of ocean basins. ⟨In:⟩ ENGEL, A.E.J., JAMES, H.L. & LEONARD, B.F. (eds): Petrologic studies: A volume to honor A.F. Buddington: 599–620; New York (Geol. Soc. Amer.).

JACOBY, W.R. (1980): Zur Nomenklatur für ein neues geowissenschaftliches Konzept: die Plattentektonik. – Z. dt. geol. Ges., **131**: 579–589; Hannover.

MENARD, H.W. (1986): The ocean of truth. – 353 S.; Princeton (Princeton Univ. Press).

2 WEGENERs Argumente für die Drift der Kontinente

Wesentliche Grundzüge der heutigen Plattentektonik waren schon von ALFRED WEGENER (1880–1930) im Jahr 1912 bzw. 1915 erkannt worden.

Kurz gefaßt ist der Inhalt von WEGENERS **Kontinentalverschiebungs-Theorie** folgender: Kontinente, aus relativ leichtem Gestein aufgebaut, „schwimmen" in relativ schwererem, ozeanischem Material wie Eisberge im Wasser. Nur der Pazifische Ozean ist ein Ur-Ozean, alle anderen tiefen Meere entstanden erst seit der Kreidezeit durch das Auseinanderdriften der ehedem als **Pangäa** zusammenhängenden Kontinent-Fragmente.

Manches, insbesondere die Mächtigkeit der sich verschiebenden Einheiten und den Antriebsmechanismus ihrer Bewegung hatte WEGENER nicht richtig deuten können. Andererseits ist auch die modernste Plattentektonik oft auf dieselbe Argumentation angewiesen, wie sie schon WEGENER verwandte, wenn es nämlich gilt, die Frage Drehbewegung oder Seitenbewegung von Platten eindeutig zu lösen. Wenn im folgenden auszugsweise einige der WEGENERschen Argumente für die Kontinentaldrift dargelegt werden, so geschieht dies also nicht nur, um damit den geschichtlichen Hintergrund aufzuhellen. Ein großer Teil der WEGENERschen Ansichten ist durchaus fester Bestandteil der modernen Plattentektonik.

2.1 Das Aneinanderpassen von Küstenlinien

Zunächst war WEGENER – wie vor ihm schon anderen – aufgefallen, wie genau die Küstenlinien zu beiden Seiten des Atlantischen Ozeans ineinander paßten, wenn man den Ozean zwischen beiden Kontinenten wegdachte. So gut wie im Atlantischen Ozean klappt das bei anderen Kontinenten aus Gründen, die wir heute teilweise wissen, nicht. Dennoch gelang es schon WEGENER, recht brauchbare Rekonstruktionen der Kontinentlagen vor der letzten großen Plattenbewegungsperiode seit der Kreidezeit anzufertigen (Abb. 2.1). Der Verlauf der Kontinentgrenzen, wobei heute im allgemeinen die 1000 m-Tiefenlinie des Kontinentalhanges als Kontinentgrenze benützt wird, ist auch im Zeitalter der Plattentektonik häufig benutzte Randbedingung für die Rekonstruktion von Plattenbewegungen.

2.2 Geologische Argumente

Darunter verstand ALFRED WEGENER vor allem die Vergleichbarkeit geologischer Besonderheiten zu beiden Seiten eines neu entstandenen Ozeans. Als klassisches Beispiel wurden und werden die Zusammenhänge zwischen den Kapketten an der Südspitze Südafrikas mit der Sierra de la Ventana in Argentinien angeführt. Beide Gebiete haben eine lange paläozoische Sedimentationsgeschichte,

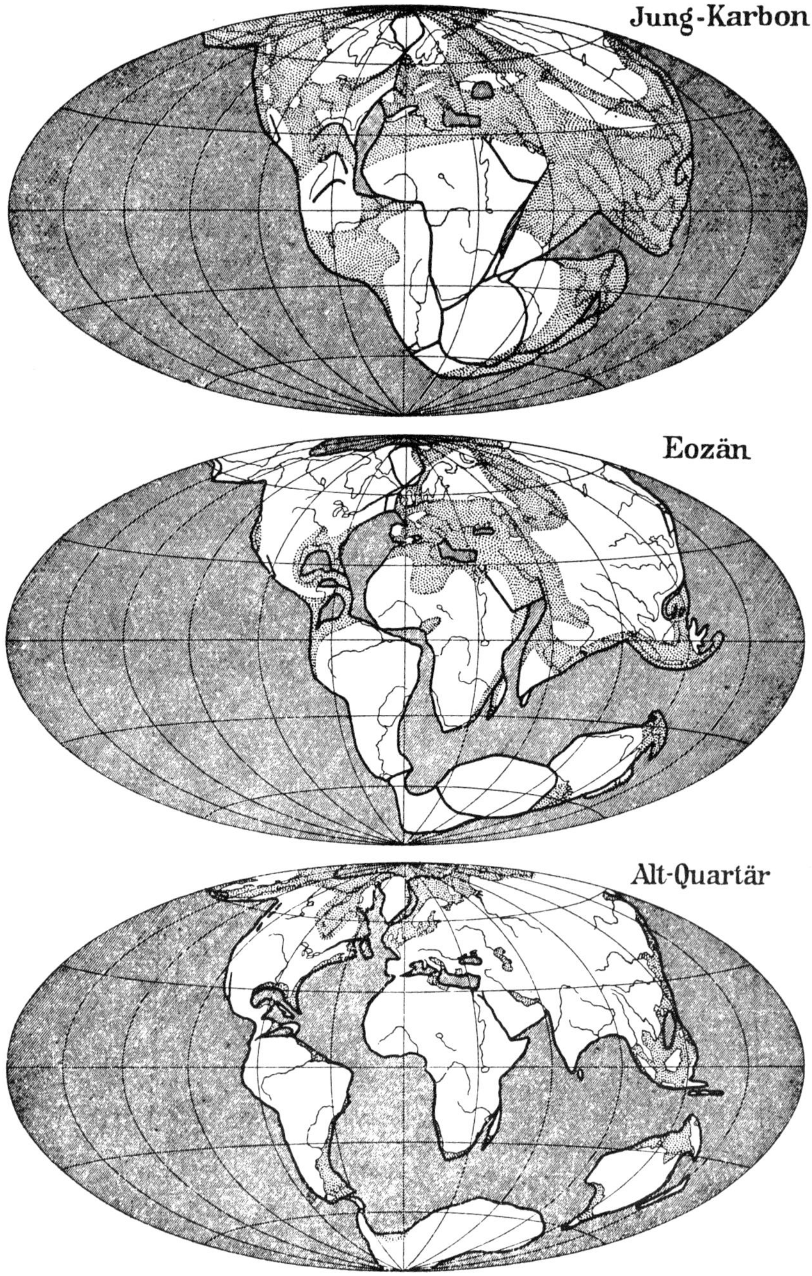

Abb. 2.1 Die Kontinentaldrift von Pangäa in der Originaldarstellung von ALFRED WEGENER. Wesentliche Unterschiede gegenüber heutigen Bildern sind vor allem die Darstellung der Tethys als Flachmeer und die Konstanz der Lage der Nordkontinente. (Aus WEGENER 1962; Nachdruck der 4. Auflage, Abb. 4).

weisen relativ wenig Magmatismus auf und sind das letzte Mal an der Perm/Trias-Grenze gefaltet worden (**Gondwana-Orogenese** nach Du Toit 1927). Der Südafrikaner Du Toit, einer der wenigen, die fest an die Kontinentalverschiebungstheorie Wegeners glaubten, hat ganz allgemein die geologischen Beziehungen des Paläozoikums von Südamerika über Südafrika und die Antarktis nach Australien weiterverfolgt und diesen paläozoischen Sedimentationsraum als **Samfrau-Geosynklinale** bezeichnet. Es ist wenig bekannt, daß dieser Name nicht etwa von einer Farmersfrau aus Südafrika herstammt, sondern eine Zusammenziehung einzelner Buchstaben der Kontinente *S*üd*am*erika, A*fr*ika und *Au*stralien darstellt.

Merkwürdigerweise sind solche eher tektonische Hinweise auf frühere Kontinentzusammenhänge außer am ehemaligen pazifischen Rand von Gondwana, dem Südteil von Pangäa, gar nicht so einfach zu finden. Manche Entwicklungslinien entsprechen sich freilich zwischen dem brasilianischen und afrikanischen Schildgebiet, auch wissen wir heute – besser als seinerzeit Wegener – über die Beziehungen zwischen der heutigen nordamerikanisch/grönländischen Ostküste und der nordafrikanisch/europäischen Westküste Bescheid. Wesentlich wichtiger für den Gedankengang Wegeners, aber auch für die heutige Argumentation sind seine paläoklimatischen Überlegungen; er besaß ja selber als Meterologe dafür besondere Kenntnisse und besonderes Interesse.

2.3 Argumente aus der Paläoklimatologie

Am augenfälligsten sprachen eigentlich die Argumente für Wegeners Ansicht, die dem Bereich der Paläoklimatologie entnommen waren. Das auffällige Vorkommen von Glazial- und Interglazial-Sedimenten im Permokarbon der Antark-

Abb. 2.2 Zeugen permokarboner Inlandvereisung nahe beim heutigen Äquator. Gletscherschliff auf Granit (vorne) überlagert von Moräne (Hintergrund). Bei Ita, östlich von Sao Paulo, Brasilien.

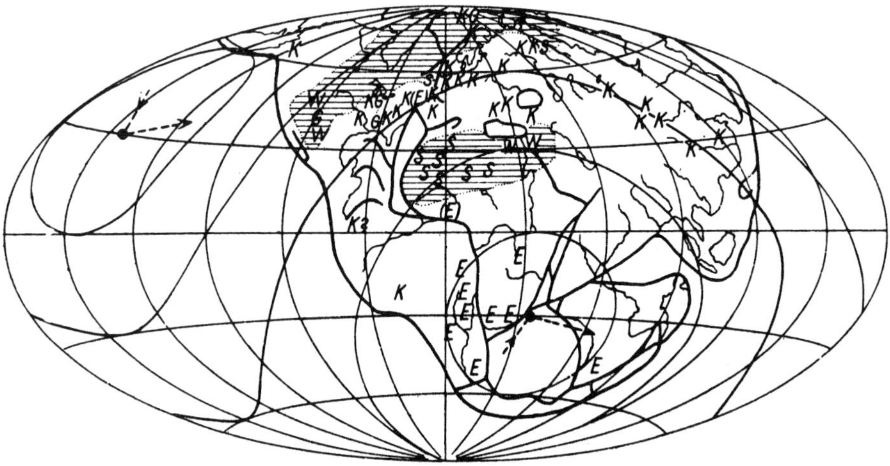

Abb. 2.3 Die Klimazonen im Karbon, Kontinentlagen vor der kretazischen Kontinentaldrift. Man erkennt die Lage der Eiszeitspuren (E) um einen hypothetischen Südpol und die Lage der Kohlelagerstätten (K) in den Tropen und gemäßigten Zonen. (Aus WEGENER 1962; Nachdruck der 4. Auflage, Abb. 35).

tis, Südbrasiliens (Abb. 2.2), Süd- und Zentralafrikas, Indiens und Australiens ist in der derzeitigen geographischen Position dieser Kontinente unverständlich. Legt man diese Südkontinente zusammen, dann entsteht aber ein Inlandeis, das nur wenig größer ist als das heutige antarktische. WEGENER konstruierte zum so definierten Südpol einen Äquator, der seinerseits wieder eine große Menge von Kohlenlagerstätten des Karbons und Perms auf sich vereinigte und beiderseits von ariden Gebieten begleitet wurde (Abb. 2.3). Es fiel den Geologen jener Zeit nicht leicht, diese Hinweise auf eine andere als die heutige Kontinentkonfiguration durch die Annahme lokaler Klimaverhältnisse bzw. großer Gebirgsvergletscherungen zu entkräften.

2.4 Faunistische und floristische Argumente aus der Paläogeographie

Es war schon zu Beginn dieses Jahrhunderts bekannt, daß die Schichtenfolge von Karbon bis Jura in den Kontinenten Südamerika, Afrika, Australien und im Schildbereich Indiens nicht nur lithologisch Ähnlichkeiten aufweist, sondern auch eine ganz bestimmte Flora und Reptilienfauna beherbergte. Nach der ersten Erkundung der Antarktis kamen entsprechende Funde aus diesem Südkontinent dazu. Die Ähnlichkeiten der damaligen Flora auf Kontinenten aller möglichen heutigen Klimazonen und die enge Verwandtschaft zwischen den Reptilien wiesen nach WEGENER wiederum auf die enge Zusammengehörigkeit dieser Kontinente hin. Der Begriff GONDWANA, der heute vorwiegend als Name für den großen ehemaligen Südkontinent verwendet wird, wurde ursprünglich mehr stratigraphisch-faziell für die karbonisch-triassische Schichtfolge dieser Gebiete eingeführt.

Um die Wanderung der Landwirbeltiere von einem Kontinent zum anderen zu ermöglichen, erfand man seinerzeit sogenannte „Brückenkontinente" quer über die Ozeane, deren späteres Verschwinden freilich geophysikalisch schwer erklärbar war.

2.5 Geodätische Argumente

Der beste Beweis für die Richtigkeit seiner Ansicht wäre natürlich für WEGENER die geodätische Bestimmung der Veränderung der Lage zweier Kontinente zueinander gewesen. Da er vermutete, daß die späteste und damit auch schnellste Kontinentaldrift die Entfernung Grönlands von Europa betraf (sie sollte erst im Quartär begonnen haben), wollte er bei seiner so tragisch endenden Expedition nach Grönland (1930) unter anderem diese Lageveränderung nachweisen. Es ist eine Ironie des Schicksals, daß bis vor wenigen Jahren eine eindeutige geodätische Feststellung der Driftbewegung nicht möglich gewesen ist. Zuviele kleinräumige und kurzzeitige Verschiebungen wirken dieser Bestimmung entgegen; satellitengestützte Geodäsie (GPS = Global Positioning System) und die Vermessung mit Hilfe der Radio-Strahlung ferner Sterne (Quasare; VLBI = Very Long Base Interferometry) mögen in wenigen Jahren das Problem gelöst haben.

2.6 Kritische Würdigung

Auf der Suche nach einem Antriebsmotor für die Wanderung der Kontinente kam WEGENER zu keinem rechten Ergebnis; er fand allenfalls die Polfluchtkraft als bestmögliche Energiequelle. Seine Ausführungen hierzu bleiben etwas unklar; die Angriffe der Geophysiker richteten sich auch sehr stark gegen seine Argumentation.

Den meisten Geologen seiner Zeit schien nichts stabiler zu sein als die alten Schilde und die Ozeane. Der große Alpengeologe OTTO AMPFERER (1875—1947) drang mit seinen mobilistischen Ideen zu Anfang dieses Jahrhunderts nicht durch und resignierte lange Zeit, bis er am Ende seines Berufslebens ahnungsvoll in einem kaum je zitierten Aufsatz (Abb. 2.4) das Bild vom Sea-floor spreading zeichnete, wie es erst 1961 von DIETZ und HESS „neu" erfunden wurde. Bis dahin erschienen die Verschiebung der Kontinente und die Neuentstehung von Ozeanen der Mehrzahl der Geophysiker unmöglich, den meisten Geologen undenkbar.

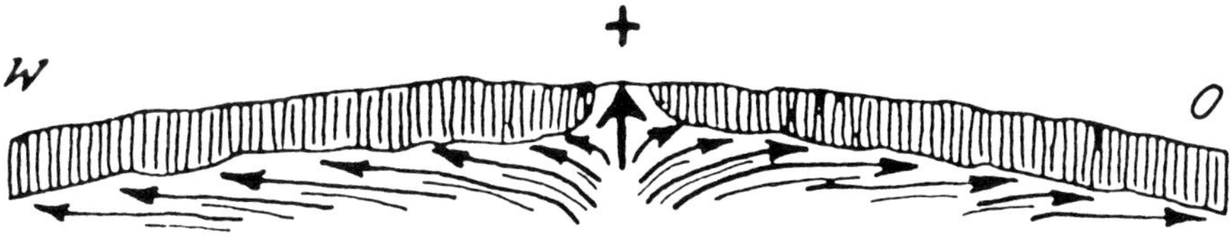

Abb. 2.4 „Schema der Teilung einer Kontinentmasse durch eine aufsteigende Unterströmung und Abschub der Teile nach beiden Seiten. Bei + entsteht so der atlantische Mittelrücken, welcher die Halbierung der Teilung festhält." (Aus AMPFERER 1941, Fig. 2; Originalunterschrift).

Weiterführende Schriften

AMPFERER, O. (1906): Über das Bewegungsbild von Faltengebirgen. Jb. k.k. geol. Reichsanst., **56**: 539–622; Wien.

DIETZ, R.S. & HOLDEN, J.C. (1970): Reconstruction of Pangaea: Breakup and dispersion of continents, Permian to Present. – J. Geophys. Res., **75**: 4939–4956; Richmond, Virg.

DU TOIT, A.L. (1937): Our wandering continents. – 366 S.; Edingburgh (Oliver and Boyd).

WEGENER, A. (1962): Die Entstehung der Kontinente und Ozeane. – (Nachdruck der 4. Aufl.) 231 S.; Braunschweig (Vieweg).

WILSON, J.T. (1963): Continental drift. – Scientific American, **208**, 4: 86–100; New York.

3 Paläomagnetik - die Bestimmung von Zeit und Weg der Lithosphärenplatten

3.1 Die Magnetisierung der Gesteine

Die meisten gesteinsbildenden Minerale haben in irgendeiner Form magnetische Eigenschaften. Am meisten bekannt, aber in der Regel bei Mineralen nicht zu finden, ist der **Ferro-Magnetismus,** so bezeichnet nach der allgemein bekannten starken Magnetisierbarkeit des Eisens. **Ferrimagnetisch** sind viele Spinelle und vor allem der Magnetit (Fe_3O_4), der auch in der Paläomagnetik eine besondere Rolle spielt. **Paramagnetisch** (d.h. die magnetischen Feldlinien im Innern verdichtend) sind viele mafische (dunkle, eisen- und magnesiumreiche) Minerale wie der Olivin, Fe-reiche Pyroxene und Amphibole sowie Granate, Biotit, Pyrit und Brauneisen. **Diamagnetisch** (d.h. die magnetischen Feldlinien im Innern abstoßend) sind die meisten eisenfreien Minerale wie Quarz, Kalkspat und viele andere.

Das Wesen der Magnetisierung eines Gesteins besteht darin, daß es beim Anlegen eines äußeren Magnetfeldes selbst zum Magneten wird; d.h., daß seine Minerale ein Magnetfeld entwickeln, das parallel zum angelegten Magnetfeld ausgerichtet ist. Wenn dieses Magnetfeld nach Abschalten des äußeren Feldes erhalten bleibt, so spricht man von **remanenter (= zurückbleibender) Magnetisierung** der Minerale bzw. des gesamten Gesteins. Wir können also davon ausgehen, daß das erdmagnetische Feld unter gewissen Bedingungen den Gesteinen eine remanente Magnetisierung in Richtung des Erdfeldes am jeweiligen Ort aufprägen kann. Verschiedene Arten der remanenten Magnetisierung von Mineralien und Gesteinen werden nach dem geologischen Vorgang ihrer Entstehung benannt. Es sind dies:

- **Thermo-Remanenz**

  Kühlt sich eine Gesteinsschmelze, etwa eine Basaltlava, ab, so friert das herrschende Magnetfeld in den sich bildenden Spinellen beim Passieren der „Curie-Temperatur" (578 °C für Magnetit) ein. Das Gestein erhält eine remanente Magnetisierung, die parallel zum erdmagnetischen Feld ausgerichtet ist.

- **Sedimentations-Remanenz**

  Feinkörnige Bestandteile von Sedimenten, die in ruhigem Wasser abgelagert werden (etwa in Seen oder am Meeresboden), können sich während ihres langsamen und ruhigen Niedersinkens wie kleine Magnetnadeln in Richtung des Erdfeldes ausrichten. Diese Einregelung ist natürlich nie vollständig, kann aber doch statistisch dem entstandenen Gestein eine Regelung in Richtung des Erdmagnetfeldes aufprägen. So können auch Sedimentgesteine remanente Magnetisierung aufweisen.

- **Chemo-Remanenz**

  Auch bei der Neubildung von Mineralen während Diagenese, Verwitterung und Bodenbildung kann die Ausprägung einer remanenten Magnetisierung beobachtet werden. Sie ist im Rahmen der Plattentektonik aber von geringerer Bedeutung.

Die Eigenschaft der remanenten Magnetisierung von Gesteinen hat in den fünfziger und sechziger Jahren die größte Rolle bei der Revolutionierung unserer Ansichten über die Dynamik der Lithosphäre gespielt. Die Paläomagnetik hat die eigentlichen Beweise für die Kontinentwanderung einerseits und für die erdgeschichtliche Entwicklung der Ozeane andererseits geliefert. Die Kenntnis der paläomagnetischen Arbeitsmethoden und ihrer Ergebnisse ist daher für das Verständnis der Plattentektonik und der Erdgeschichte überhaupt unbedingt notwendig.

3.2 Gesteinsmagnetismus – der Fahrtschreiber der Kontinente

ALFRED WEGENER hatte geglaubt, die Kontinente würden im plastisch nachgebenden Untergrund der Ozeane driften ähnlich wie Eisberge im Wasser. Bei der Rekonstruktion ihrer Wege stützte er sich überwiegend auf geologische Verwandtschaften zwischen einzelnen Kontinenträndern sowie auf biogeographische und paläoklimatische Hinweise. Die Grönlandexpedition, auf der er 1930 auf tragische Weise so früh ums Leben kam, sollte unter anderem dazu dienen, die seiner Meinung nach sehr rasche Westbewegung Grönlands zu beweisen. Es ist erst seit wenigen Jahren möglich, den geodätischen Nachweis der nur wenige Zentimeter pro Jahr betragenden Relativbewegung einzelner Kontinente zueinander zu versuchen. Doch schon seit Jahrzehnten liefert die Paläomagnetik eine Methode, mit der Relativbewegungen der einzelnen Kontinente gegeneinander und gegenüber der Erdachse bis weit ins Paläozoikum hinein bestimmt werden können. Wie wir sehen werden, sind diese Bestimmungen zwar stets mit einem gewissen unvermeidbaren Fehler behaftet und werden umso unsicherer, je weiter wir ins Paläozoikum hinabsteigen. Zumindest seit der geologisch leicht kontrollierbaren Zeit der letzten großen Kontinentwanderungsphase, dem Zerfall des Gondwana-Kontinentes, bestätigen die paläomagnetischen Messungen aber im wesentlichen sehr genau die WEGENERschen Annahmen.

Um die Bestimmung des Wanderweges von Kontinenten durch paläomagnetische Messungen verstehen zu können, müssen wir zunächst einige Grundbegriffe des Magnetfeldes der Erde betrachten.

Das Magnetfeld umgibt die Erde mit Feldlinien, die denen eines üblichen Stabmagneten vergleichbar sind. Die Feldlinien stehen an den magnetischen Polen senkrecht auf die Erdoberfläche und sind, wie in Abb. 3.1 dargestellt, in einer Weise in Verbindung, daß sie die Erde rundherum einhüllen und am Äquator parallel zur Erdoberfläche verlaufen. Das Erdmagnetfeld wird vermutlich von Massenströmungen im äußeren Erdkern erzeugt. Die **magnetische Achse** der Erde fällt nicht genau mit der Drehachse der Erde zusammen, sie liegt parallel zu ihr in etwa

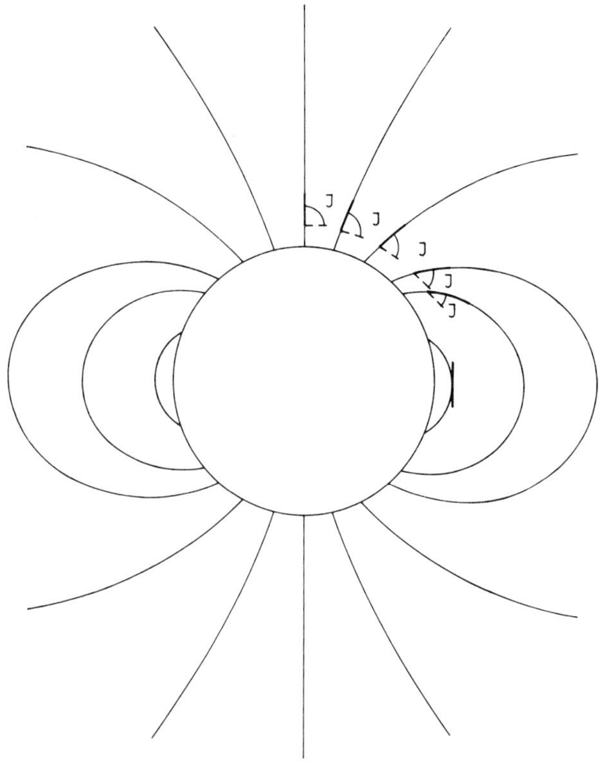

Abb. 3.1 Sehr schematische Darstellung der erdmagnetischen Feldlinien (tatsächlich ist der Aufbau des Feldes weit weniger symmetrisch; seine Achse liegt nicht in der Drehachse der Erde). J ist der Winkel der Inklination, d.h. der Winkel zur Erdoberfläche, in dem eine räumlich frei schwingende Magnetnadel sich einstellt.

15 ° Abstand von der Drehachse. Diese magnetische Dipolachse ist nicht konstant, sondern bewegt sich mit der Zeit um die Erdachse herum. Jeder Geologe weiß, daß er seinen Kompaß entsprechend korrigieren muß, und daß diese Korrektur zeitabhängig ist. Wir wollen hier von der Voraussetzung ausgehen, daß die Magnetachse der Erde nie wesentlich weiter von der Drehachse entfernt war als heute und daß sie in der Regel stets parallel zu ihr gelegen hat. Dies ist zwar nicht mit letzter Sicherheit beweisbar, wegen der Notwendigkeit einer Symmetrie zwischen den das Magnetfeld erzeugenden Strömungen und der Erdumdrehung aber sehr wahrscheinlich.

Ein in allen Richtungen frei schwingender magnetisierbarer Körper, also etwa eine kardanisch aufgehängte Kompaßnadel wird sich an jedem Punkt der Erde parallel zu den magnetischen Feldlinien einstellen. Sie liegt daher nur am Äquator oberflächenparallel; je weiter wir zu den Polen gehen, desto mehr wird sich eine ihrer Spitzen in Richtung Erdinneres einstellen, bis sie zuletzt an den magnetischen Polen genau senkrecht auf die Erdoberfläche steht. Diese nach unten gerichtete Komponente wird bei der Herstellung von Kompassen dadurch kompensiert, daß auf die andere Nadelseite ein kleines Reiterchen oder Kupferdrähtchen aufgesetzt wird, das durch sein Gewicht die auf einer Seite nach unten gerichtete Kraft kompensiert. Kauft man auf der Nordhalbkugel einen Kompaß und geht damit auf die Südhalbkugel, so muß man dieses Gewicht entfernen, unter

Umständen sogar auf die andere Seite der Nadel setzen. In unmittelbarer Nähe der Magnetpole läßt sich ein normaler Kompaß überhaupt nicht mehr benutzen.

Den Winkel, den eine freischwingende Kompaßnadel mit der geographischen Nordrichtung einschließt, nennt man **Deklination.** Die Deklination beträgt in der Regel wenige Grad bis etwa 15 Grad und ist nur in der Nähe der Magnetpole wesentlich größer. Den Winkel, den eine in allen Richtungen freischwingende Magnetnadel mit der Erdoberfläche einnimmt, nennt man **Inklination.** Die Inklination nimmt vom Äquator gegen die Magnetpole stetig zu und beträgt hier 90°.

Gesteine, die zur Zeit ihrer Entstehung remanenten Magnetismus aufgeprägt bekommen, etwa vulkanische Laven beim Abkühlen oder Sedimente bei der Ablagerung am Meeresboden, sollten also eine Magnetisierung erfahren, die den Feldlinien des erdmagnetischen Feldes an der betreffenden Stelle der Erdkugel entsprechen. Dies läßt sich auch tatsächlich nachprüfen. Umso erstaunlicher erschien es, daß ältere Gesteine eine remanente Magnetisierung aufwiesen, die weder in Deklination noch in Inklination dem heutigen Erdmagnetfeld parallel verlief, und dies in verschiedenen Kontinenten in unterschiedlichen Richtungen. Zur Erklärung standen grundsätzlich zwei Hypothesen zur Verfügung: Man konnte an eine Veränderung der Lage der magnetischen Achse gegenüber der geographischen Achse der Erde denken; dies erklärte aber nicht die Unterschiede in der Magnetisierung der Gesteine verschiedener Kontinente. Und man konnte andererseits denken, daß die Gesteine zwar ursprünglich in einem dem heutigen Magnetfeld ähnlichen Feld magnetisiert worden waren, daß sie aber später mit dem Kontinent, auf dem sie sich befinden, bewegt und gedreht worden waren.

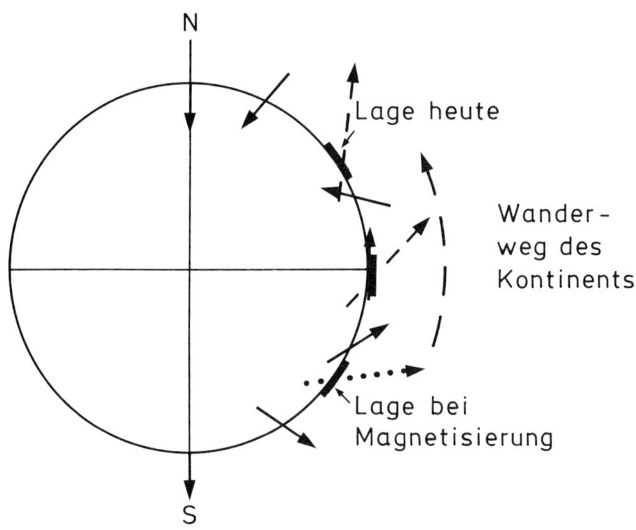

Abb. 3.2 Rekonstruktion der geographischen Breite eines Kontinentes zur Zeit der Bildung eines Gesteins aus der Inklination dessen remanenter Magnetisierung. Durchgezogene Pfeile: heutige Richtung der Feldlinien. Der Nicht-Dipol-Anteil des Magnetfeldes der Erde (s. Text) ist in der Zeichnung vernachlässigt, so daß die Dipol-Achse mit der Drehachse zusammenfällt.

Wie Abb. 3.2 anschaulich zeigt, können Veränderungen in der geographischen Breite eines Kontinentes durch die gewissermaßen paläomagnetisch eingefrorene Inklination erkannt werden. Jedem magnetischen Breitenkreis (und entsprechend geographischen Breitenkreis) ist ja auf Grund des Verlaufs der Feldlinien nur eine ganz bestimmte Inklination zuzuordnen. Hat ein Gestein eine andere remanente Magnetisierung, so muß es aus einer geographischen Breite, zu der diese Magnetisierung paßt, in seine heutige Lage gekommen sein. Veränderungen der geographischen Breite oder mit anderen Worten, Wanderungsbewegungen längs von Längenkreisen, sind somit paläomagnetisch eindeutig zu erkennen.

Anders ist es mit Bewegungen parallel zu Breitenkreisen, d.h. Veränderungen der geographischen Länge eines Kontinentes oder Kontinentteiles. Überhöhte Deklination, d.h. ein über das Ausmaß der üblichen Entfernung des Magnetpols vom geographischen Nordpol hinausgehender Winkel zwischen einer remanenten Magnetisierung und dem heutigen Pol kann nämlich ebensogut durch eine starre Verschiebung des Kontinentteils längs von Breitenkreisen erzeugt werden wie durch Drehbewegungen des betreffenden Kontinentes am Ort (Abb. 3.3). Ohne

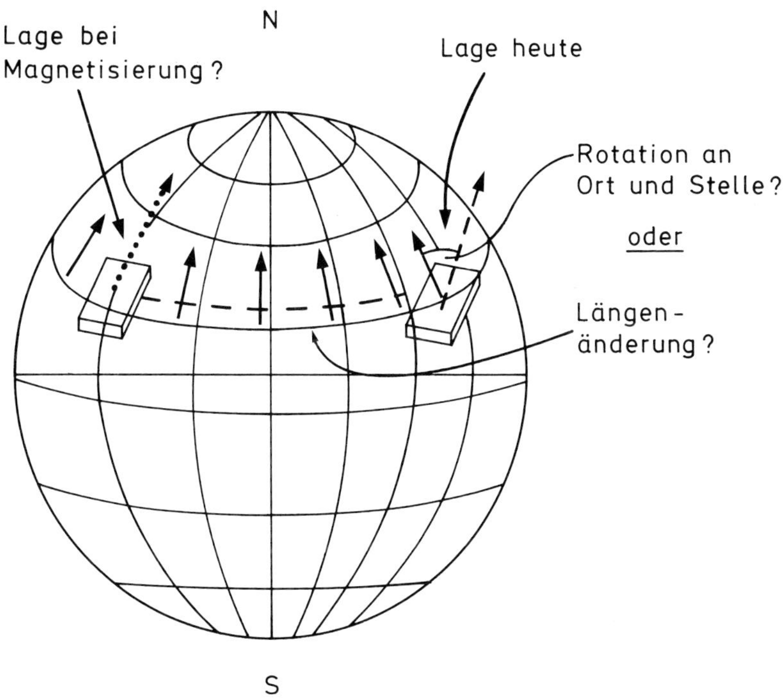

Abb. 3.3 Abweichungen der Richtung der remanenten Magnetisierung eines Gesteins von der heutigen Nordrichtung können sowohl durch Änderung der geographischen Länge (Wanderung des Kontinents entlang von Breitenkreisen) wie durch Drehbewegung am Ort erzeugt werden. Eine Entscheidung, ob so oder so, ist nur mit Hilfe anderer Hinweise möglich, nicht aus der Paläomagnetik allein. Eine weitere Unsicherheit ist in der zeitlich variablen Abweichung der Lage der magnetischen Dipol-Achse von der Erdachse begründet. Die kleinen schwarzen, nord-gerichteten Pfeile geben insoweit nur annähernd die „Konstanz“ der Nord- bzw. Süd-Richtung des erdmagnetischen Feldes an.

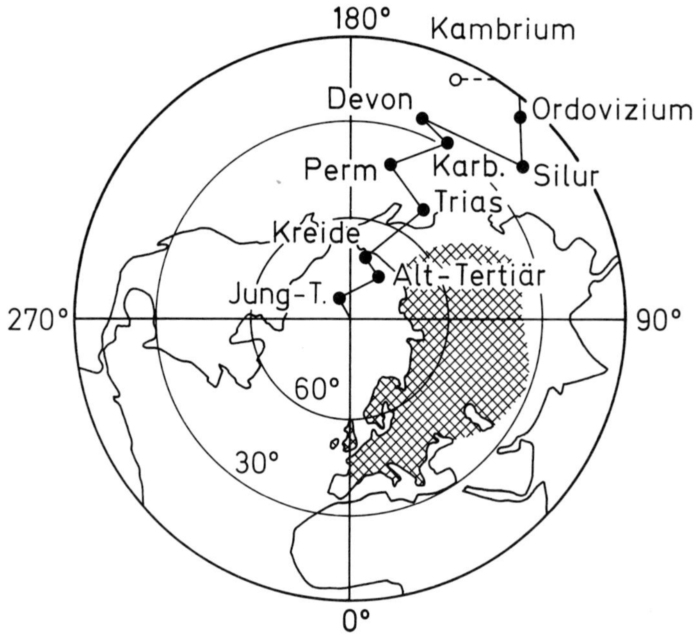

Abb. 3.4 Scheinbare Polwanderungskurve für Eurasien seit dem Kambrium. Randliche Gebiete Eurasiens und die übrigen Kontinente sind nur zur Orientierung eingetragen. Diese, bzw. ihre Pole haben sich in ganz anderer Weise bewegt (vgl. Abb. 3.6). (Nach ANGENHEISTER & SOFFEL 1972, Fig. 46).

weitere Argumente zu Hilfe zu nehmen, kann also nicht entschieden werden, ob eine Querwanderung eines Kontinentes auf der Erdkugel stattgefunden hat oder eine Drehung. Die Nichtbeachtung dieser Einschränkung hat in der Frühzeit paläomagnetischer Arbeiten zu manchen Irrtümern geführt.

Bestimmt man die Richtung der remanenten Magnetisierung von Gesteinen ein und desselben Kontinentes zu verschiedenen Zeiten, d.h. aus verschiedenen stratigraphischen Horizonten, so kann man die Wanderungsbewegung des betreffenden Kontinentes bis zu seiner heutigen Lage konstruieren. Da dies darstellerisch recht aufwendig wäre, pflegt man statt dessen die Wanderung des zur betreffenden Zeit zum betreffenden Kontinent scheinbar gehörenden Nordpols zu rechnen und in ein Diagramm oder in eine Karte einzutragen (Abb. 3.4, 3.5).

Da sich tatsächlich alle Kontinente auf unterschiedlichen Bahnen bewegt haben, ergeben sich für die einzelnen Kontinente auch unterschiedliche **Polwanderungskurven**, die sich aber alle zum Zeitpunkt „Heute" im heutigen Nordpol treffen (Abb. 3.6). Die so gefundenen Kontinentwanderungen entsprechen im wesentlichen den von ALFRED WEGENER schon zu Beginn dieses Jahrhunderts vermuteten Verschiebungen. Heute reichen die paläomagnetischen Rekonstruktionen aber weit vor die Zeit des Zerfalls von Gondwana zurück. Für das Paläozoikum werden sie als relativ sicher bezeichnet, es bestehen aber auch Versuche, präkambrische Kontinentlagen zu rekonstruieren.

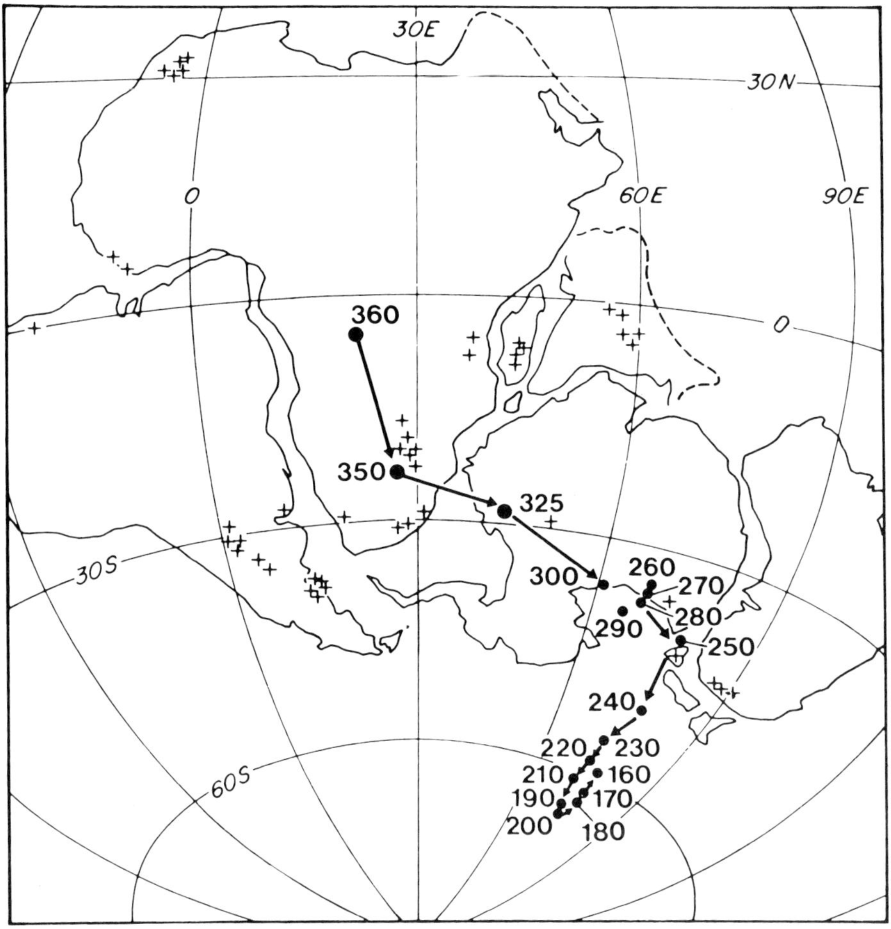

Abb. 3.5 Scheinbare Polwanderungskurve für den Gondwana-Kontinent vom Jungpaläozoikum bis in den Unteren Jura. Kreuzchen = Probennahme-Lokalitäten. Zeitangaben für die einzelnen Pol-Lagen in Millionen Jahren. Die Angaben sind mehrfach gemittelt. Die hier dargestellte Lage der Antarktischen Halbinsel zwischen Südamerika und Afrika entspricht nicht den neueren Erkenntnissen (vgl. Kap. 4.25). (Aus IRVING 1979, Fig. 1, mit ausdrücklicher Erlaubnis des Verlages und des Autors).

Die genaue Bestimmung der Raumlage der remanenten Magnetisierung in einem Gestein ist recht aufwendig.

Zunächst ist zu berücksichtigen, daß einem Gestein nach seiner ersten remanenten Magnetisierung häufig eine weitere Magnetisierung einschließlich der des heutigen Erdfeldes aufgeprägt wird. Diese späteren Magnetisierungen sind zum Glück meist weniger stabil als die erste, so daß sie unter Schonung der ersten, für die Paläomagnetik wichtigen remanenten Magnetisierung durch Anlegen schwacher Wechselfelder oder durch vorsichtiges Erhitzen zerstört werden können. Die

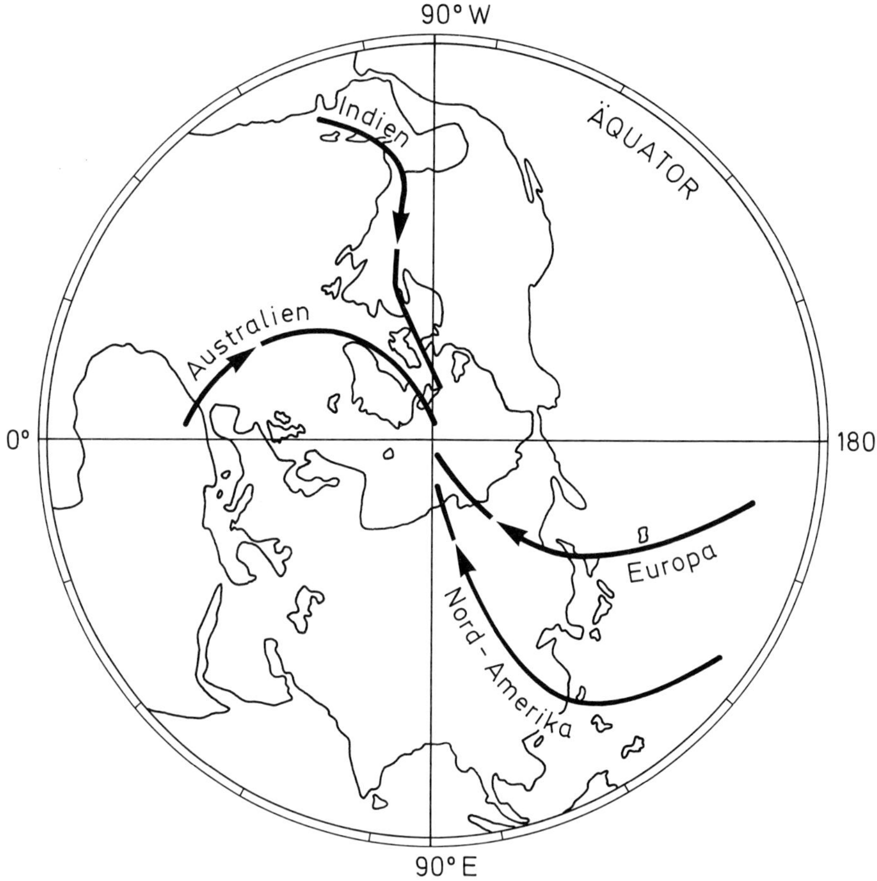

Abb. 3.6 Polwanderungs-Wege verschiedener Kontinente vom Kambrium bis heute. Sie treffen sich im heutigen Nordpol. Die dargestellten Wege beginnen bei Nordamerika und Europa im Kambrium, bei Australien im Karbon, bei Indien im Jura. (Verändert und vereinfacht nach DEUTSCH 1963, Fig. 2).

übrig bleibende ursprüngliche remanente Magnetisierung ist aber oft so schwach, daß sie nur mit sehr empfindlichen Geräten in ihrer genauen Raumlage bestimmt werden kann.

Die zur Bestimmung ihres Paläomagnetismus entnommenen Proben müssen im Gelände genau orientiert werden. Häufig schlägt man nicht einfach Handstücke, sondern bohrt Gesteinszylinder von etwa 2 cm Durchmesser aus möglichst unverwittertem Gestein.

Zur Kontrolle, ob wirklich ein sehr früher, hoffentlich der erste Magnetisierungsvorgang im Gestein dokumentiert ist, kann man beispielsweise mehrere Proben aus beiden Schenkeln einer Falte nehmen. Zeigen sie alle die gleiche paläomagnetische Richtung, so ist die Prägung des gemessenen remanenten Magnetismus nach der Faltung erfolgt. Zeigen die Proben unterschiedliche Richtungen, die sich aber durch konstruktive Rückformung der Falte in ein und dieselbe Richtung überführen lassen, dann ist es einigermaßen sicher, daß die ursprüngliche remanente Magnetisierung erfaßt worden ist.

Paläomagnetische Messungen spielen heute nicht nur für das Erkennen der Wanderungsbewegungen der großen kontinentalen Platten eine Rolle. Sie werden zunehmend auch dafür verwendet, kleine und kleinste Mikroplatten, sogenannte exotische oder allochthone Gebiete, zu definieren und zu begrenzen. Wir werden auf solche Terranes in einem späteren Kapitel zurückkommen.

3.3 Die paläomagnetischen Streifenmuster der Ozeane

Die Untersuchung der remanenten Magnetisierung kontinentaler Gesteine hat im wesentlichen die Kontinentaldrift-Theorie ALFRED WEGENERS bestätigt, sie in Einzelheiten präzisiert und in eine weitere Vergangenheit zurückverfolgt. Etwas später, Anfang der sechziger Jahre, ist aber noch eine zweite Anwendungsmöglichkeit der Paläomagnetik entdeckt worden, die den eigentlichen Schritt von der WEGENERschen Kontinentalverschiebungstheorie zur modernen Plattentektonik bedeutete: die **paläomagnetischen Streifenmuster** der Ozeanböden.

Es war schon lange bekannt gewesen, daß in den großen Ozeanen, oft in deren Mittellinie, wie besonders deutlich im Atlantischen Ozean, untermeerische Gebirge von riesiger Längenerstreckung und ansehnlicher Höhe vorhanden sind. Um die Erforschung des **Mittelatlantischen Rückens** hat sich schon das deutsche Forschungsschiff „Meteor" in den zwanziger Jahren große Verdienste erworben. Heute werden die Mittellinien dieser ozeanischen Rücken als die Quelle neuer ozeanischer Kruste betrachtet, wie in Kap. 4.2 ausgeführt. Der Beweis für das Auseinanderdriften der Gesteine zu beiden Seiten der mittelozeanischen Spalten und gleichzeitig damit die Möglichkeit der **Altersbestimmung der Ozeanböden** wurde aber erst durch die Erkenntnis der remanenten Magnetisierung der sich abkühlenden Magmenmassen beim Austritt aus den mittelozeanischen Spaltensystem erkannt.

Wir müssen, um dieses Phänomen verstehen zu können, noch eine Eigenschaft des Erdmagnetfeldes betrachten, die wir bisher vernachlässigt haben.

Die **Polarität des Erdmagnetfeldes**, das heißt, die wechselseitige Lage von magnetischem Nord- bzw. Südpol änderte sich im Verlauf der Erdgeschichte in unregelmäßigen Abständen von einigen hunderttausend bis einigen Millionen Jahren (Abb. 3.7). Dabei gibt es merkwürdigerweise auch lange Perioden konstanter Polarisierung, etwa fast die gesamte Mittel- und Oberkreide. Die Ursache dieser Erscheinung der „Feldumkehr" ist noch nicht voll geklärt, doch ist wohl sicher, daß es sich um einen natürlichen physikalischen Vorgang im komplizierten Dynamo des äußeren Erdkerns handelt. Man weiß inzwischen, daß das Umschwenken im Zeitraum von etwa einigen hundert Jahren langsam vor sich geht. Man nennt die Zeiten einheitlicher, gleichbleibender Polarität der magnetischen Achse **magnetostratigraphische Epochen** und benannte die jüngsten nach Wissenschaftlern, die känozoischen und oberkretazischen mit laufenden Nummern und die älteren Epochen mit neuer Numerierung (Abb. 3.7, 3.8). Mittlerweile hat man auch ge-

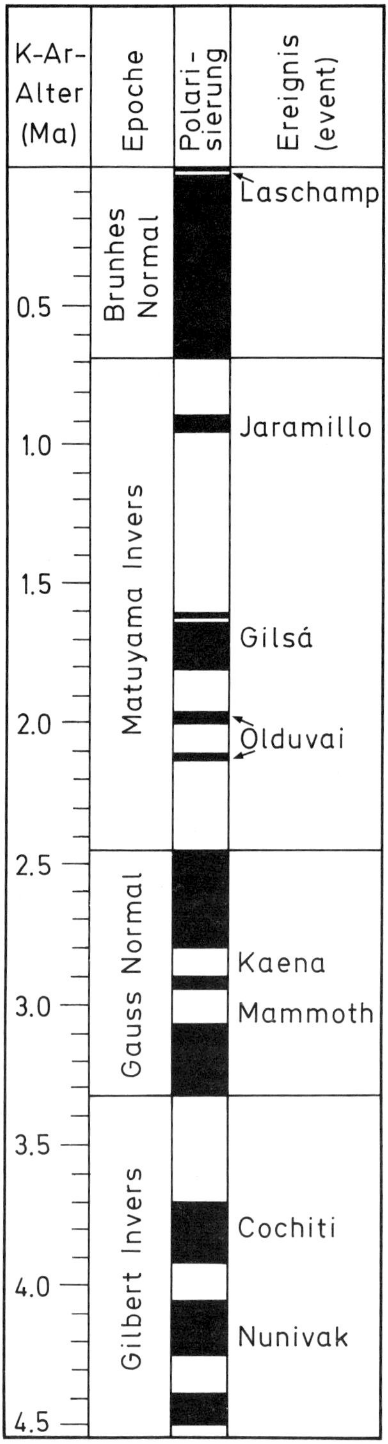

Abb. 3.7 Paläomagnetische Zeitskala für die letzten 4,5 Millionen Jahre. Die häufige Unterbrechung der „groben“ Skala der Normal- und Invers-Epochen durch Ereignisse einer vorübergehenden Umpolung wird hier besonders deutlich. (Nach CONDIE 1976, Fig. 6-1).

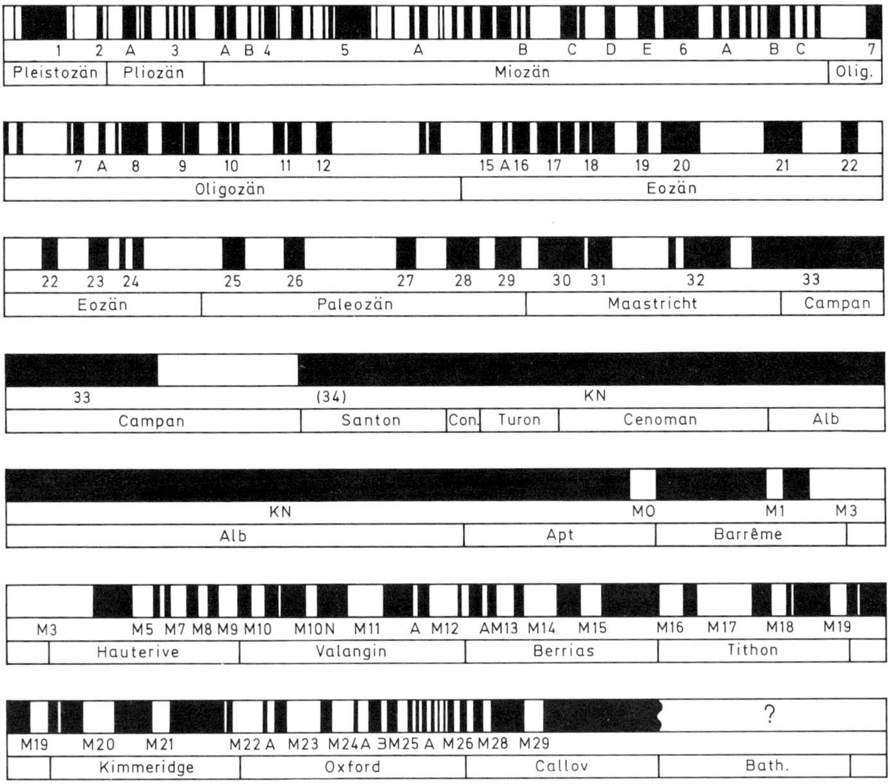

Abb. 3.8 Paläomagnetische Zeitskala für die Zeit bis zum Mittleren Jura. Die einzelnen Epochen sind numeriert, vom Quartär bis zum Campan (Oberkreide) mit einfachen Ziffern, vom Barrême (Unterkreide) bis zum Mittleren Jura (älteste Daten aus dem Ozeanboden) mit einem „M" voraus. Man beachte die Unterbrechung der wechselhaften Skala durch die paläomagnetisch merkwürdig ruhige Zeit von etwa 35 Millionen Jahren um die Mittlere Kreide herum. (Vereinfacht nach Cox & Hart 1986, Fig. 8-9).

funden, daß diese Perioden jeweils von geologisch gesehen sehr kurzen, allenfalls einige tausend bis zehntausend Jahre dauernden „Rückschlägen" unterbrochen werden. Sie werden als Ereignisse oder **Events** bezeichnet.

Man kann diese magnetischen Perioden und Ereignisse erkennen und biostratigraphisch datieren, wenn man fossilführende Sedimentkerne aus den Ozeanböden oder Proben aus untermeerischen Basalten systematisch analysiert und die Polarität der remanenten Magnetisierung der einzelnen datierten Proben feststellt. Ähnliches ist auch bei übereinander folgenden Lavaströmen großer Vulkansysteme möglich und durchgeführt worden (Abb. 3.9).

Wir können also davon ausgehen, daß Gesteine unterschiedlicher stratigraphischer Stellung unterschiedliche magnetische Polarisierung aufgeprägt bekommen. Da ein remanent magnetisiertes Gestein selbst einen Magneten darstellt, wird das heutige Erdmagnetfeld durch gleichsinnig magnetisierte Gesteine im

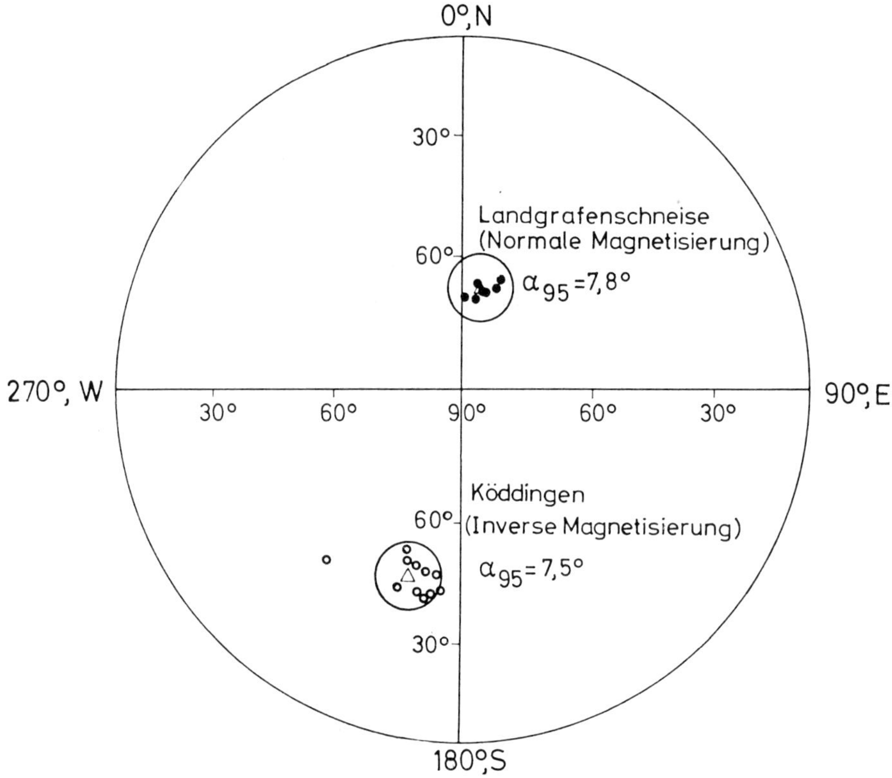

Abb. 3.9 Richtungen der remanenten Magnetisierung von Basaltlagen am Vogelsberg. Normal magnetisiert (Punkte): Landgrafenschneise, invers magnetisiert (Offene Kreise): Köddingen. Die Darstellung erfolgte wie üblich in flächentreuer Netzabbildung (Schmidtsches Netz). Dreiecke: Mittlere Richtungen. Kreise um die mittleren Richtungen: α_{95}-Konfidenz. (Aus ANGENHEISTER & SOFFEL 1972, Fig. 45).

Untergrund etwas verstärkt, durch gegensinnig magnetisierte Gesteine im Untergrund etwas geschwächt werden.

Bei Untersuchungen des Erdmagnetfeldes im Pazifischen Ozean war schon Mitte der fünfziger Jahre aufgefallen, daß die gemessenen magnetischen Intensitäten sich ohne Rücksicht auf die Meeresboden-Topographie rhythmisch änderten. Dies wurde zusammengefaßt von VINE und MATTHEWS 1963 als Magnetische Anomalien über ozeanischen Rücken bezeichnet und als Beweis für die Richtigkeit der Theorie des Sea-floor spreading gedeutet. Fährt man parallele Schnitte quer über einen mittelozeanischen Rücken, so lassen sich die Magnetisierungsmuster miteinander verbinden, so daß ein auffälliges paläomagnetisches Streifenmuster erscheint, das die zentralen Spalten der ozeanischen Rücken parallel begleitet (Abb. 3.10). Positive Abweichungen der gemessenen Intensität vom durchschnittlichen Erdmagnetfeld bedeuten gleichlaufende Polarität der remanenten Magnetisierung der Gesteine mit dem heutigen Erdfeld, negative Abweichungen

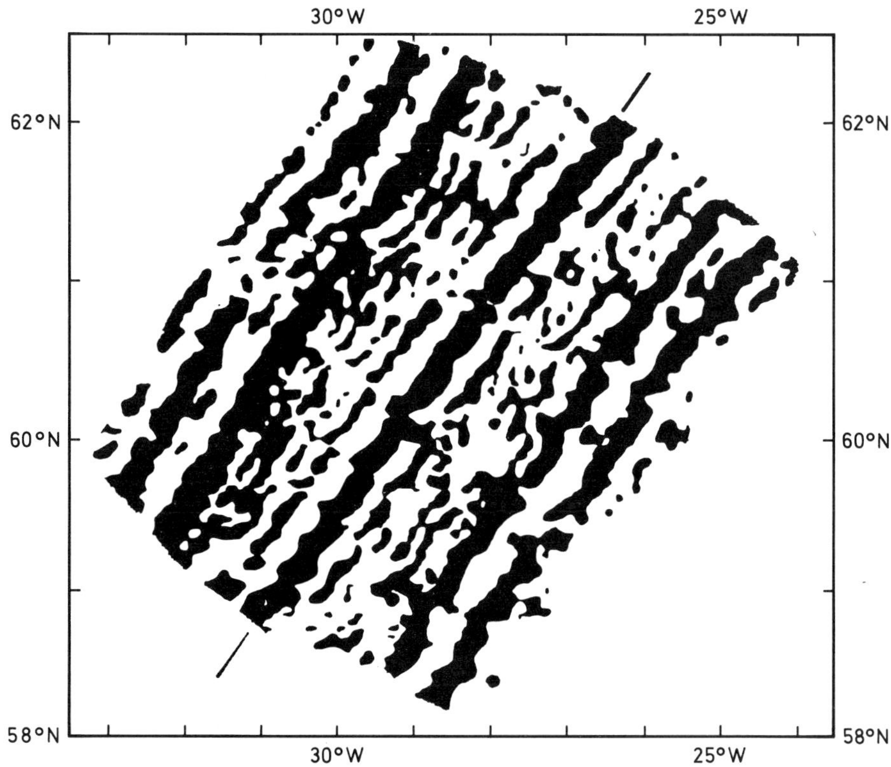

Abb. 3.10 Paläomagnetische Streifung des Ozeanbodens im Reykjanes-Rücken südwestlich von Island. Die Symmetrieebene der Streifung ist durch zwei Striche angedeutet. Hier liegt die Zentralspalte, in der heute neue ozeanische Kruste entsteht (Brunhes-Normal). Auf beiden Seiten schließt die durch mehrere Events unterbrochene Matuyama-Invers-Epoche an; die äußersten dunklen Streifen gehören zur Gauß-Normal-Epoche. (Aus der grundlegenden Arbeit von VINE 1966, Fig. 3).

vom Durchschnittsfeld gehen auf gegensätzlich zum heutigen Magnetfeld magnetisierte Gesteine im Untergrund zurück. Die Kurven der gemessenen Intensitäten spiegeln sich bemerkenswerterweise an der Mittellinie eines ozeanischen Rückens (Abb. 3.11).

Heute sind alle Ozeane mit Ausnahme einiger unzugänglicher Gebiete in der Antarktis magnetisch vermessen.

Jeweils ein Paar solcher Streifen beiderseits der mittelozeanischen Rücken ist gleichbedeutend mit einer Zeit entweder heutiger oder hierzu entgegengesetzt gerichteter Polarisierung des Erdmagnetfeldes während der Entstehung und remanenten Magnetisierung des betreffenden Ozeankrustenstreifens.

Bei der Bildung einer ozeanischen Spalte werden also die neu entstehenden basaltischen Ergußgesteine und die unter der Spalte erstarrenden, wie Blätter nebeneinanderliegenden Gänge **(Sheeted dykes)** und Intrusionen im Sinne der jeweils

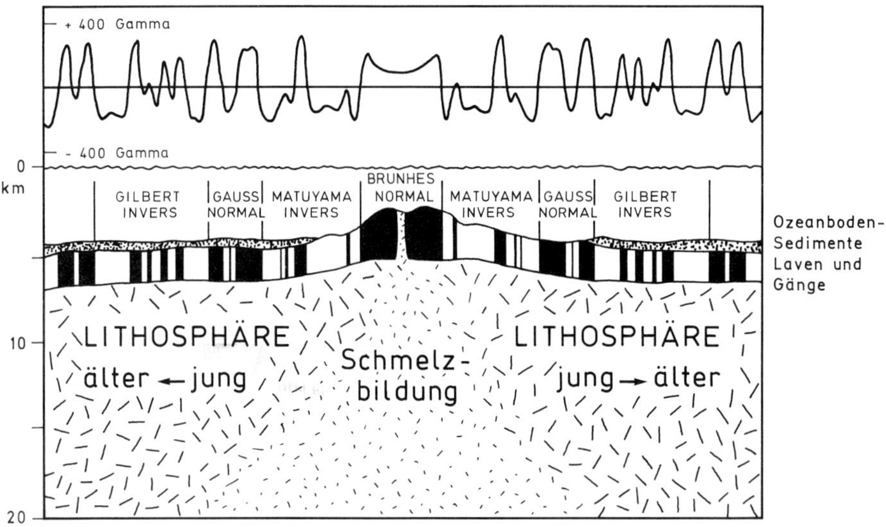

Abb. 3.11 Entstehung der symmetrischen paläomagnetischen Streifung beiderseits eines aktiven ozeanischen Rückens. Die remanente Magnetisierung konzentriert sich auf die oberste Lage basaltischer Gesteine in der Ozeankruste (Laven und „geschichtete Gänge"). Oben die tatsächliche Meßkurve an der Meeresoberfläche in einem Schiffskurs senkrecht zur Längserstreckung des Rückens. Zu den Begriffen Lithosphäre und Asthenosphäre siehe Kapitel 4.1. (Nach Cox & Hart 1986, Fig. 8-8), verändert.

herrschenden Polarisierung des Erdmagnetfeldes remanent magnetisiert. Beim Auseinanderweichen der neugebildeten ozeanischen Kruste wird das neugebildete Gestein nach den Seiten weggeschoben, so daß mit der Zeit ein immer breiterer Streifen magnetisierter Kruste entsteht. Wechselt die Polarisierungsrichtung des Erdmagnetfeldes, so wechselt von diesem Zeitpunkt an auch die Richtung der remanenten Magnetisierung der weiterhin neu gebildeten Eruptivgesteine. Ein zentraler Streifen mit umgekehrter Magnetisierung entsteht. Dieser Vorgang geht solange weiter, bis die Aktivität des ozeanischen Rückens zu Ende ist. Bei Beendigung der Aktivität bleiben die vorhandenen Magnetisierungen bestehen. Man kann also auch inaktiv gewordene, „fossile" ozeanische Rücken durch die sie begleitenden magnetischen Streifen erkennen und datieren.

Eine zeitliche Korrelation und Altersbestimmung der Krustenstreifen ist einerseits durch die Parallelisierung mit paläontologisch datierten magnetostratigraphischen Sedimentprofilen möglich, andererseits auch durch **isotopen-geochronologische Datierungen** an entsprechenden ozeanischen Ergußgesteinen der einzelnen Streifen. Der Verlauf der entlang von Profillinien gemessenen Kurven der Intensität der Magnetisierung wird durch den weiten und variablen Abstand der magnetisierten Gesteine vom messenden Schiff oder Flugzeug, ihre unterschiedliche Mächtigkeit und Ausdehnung, sowie durch die zahlreichen untergeordneten Events modifiziert. Dennoch erhalten die einzelnen Ausschläge dieser Kurven charakteristische Formen (Abb. 3.11), die es dem Paläomagnetiker meistens ermöglichen, sie zumindest in einer Abfolge mehrerer Streifen auch in unbekannten Regionen zu identifizieren und damit altersmäßig einzuordnen. Auf diese Weise kennt man heute das Alter der Ozeane an jeder Stelle. Wir wissen also nicht nur, daß ozeanische Kruste stetig in Subduktionszonen nach unten verschwindet. Wir wissen auch, daß die ältesten gerade an Subduktionszonen angelangten Ozeanteile (im Nordwest-Pazifik) nicht älter als jurassisch sind. Für das allgemeine geologische Weltbild war dies eine besonders aufregende Erkenntnis. Hatte man doch früher geglaubt, die Ozeane seien ähnlich wie die alten Kontinentalschilde etwas sehr altes, dauerhaftes! Tatsächlich sind die Ozeane jünger als die meisten Kontinentteile und sie sind bei weitem mobiler als diese.

Die paläomagnetischen Streifenmuster dienen aber nicht nur dazu, das Alter einzelner Ozeanteile angeben zu können. Es läßt sich auch – senkrecht dazu – die Richtung der Plattenbewegungen und daher auch der Kontinentverschiebungen erkennen. Weiterhin ist die Breite der paläomagnetischen Streifen (einige Zehner Kilometer) ein Maß für die **Geschwindigkeit der Plattenbewegung** in einer bestimmten Zeit, da rasche Plattenbewegung breite Streifen erzeugt, langsame Plattenbewegung aber nur schmale Streifen.

Weiterführende Schriften

ANGENHEISTER, G. & SOFFEL, H. (1972): Gesteinsmagnetismus und Paläomagnetismus. – 110 S.; Berlin (Borntraeger).

DEUTSCH, E.R. (1966): The rock magnetic evidence for Continental Drift. – ⟨In:⟩ GARLAND, G.D. (ed.): Continental Drift. Royal Soc. Can., Sp. Publ. **9**: 28–52; Toronto.

HEIRTZLER, J.R., DICKSON, G.O., HERRON, E.M., PITMAN, W.C. III & LE PICHON, X. (1968): Marine magnetic anomalies, geomagnetic field reversals and motions of the ocean floor and continents. – J. Geophys. Res., **73**: 2119–2136; Richmond, Virg.

RUNCORN, S.K. (1962): Palaeomagnetic evidence of continental drift and its geophysical cause. – ⟨In:⟩ RUNCORN, S.K. (ed.): Continental Drift: 1–40; London.

4 Lithosphären-Platten und ihre Randstrukturen

4.1 Der Aufbau der Lithosphäre und Asthenosphäre

Alfred Wegener hatte zwischen den sich bewegenden Kontinenten einerseits und der ozeanischen Erdkruste andererseits unterschieden. Über den Aufbau beider Erdkrusten-Typen war zu seiner Zeit sehr wenig bekannt, noch weniger über die darunterliegenden Teile des Erdmantels. Die Grundeinheiten der Plattentektonik unterscheiden sich von den driftenden Kontinenten Wegeners grundsätzlich in zwei Eigenschaften:

- Die starren Lithosphären-Platten umfassen nicht nur die Erdkruste, sondern auch den oberen Mantel bis in Tiefen von etwa 100 bis 200 km.
- Die Einheiten der Plattentektonik umfassen nur in seltenen Ausnahmefällen ausschließlich kontinentale Kruste, meistens setzen sie sich aus Kontinenten und Ozeanteilen zusammen, manchmal bestehen sie nur aus ozeanischem Untergrund.

Wir wollen zunächst die Grundtypen der Lithosphäre betrachten.

4.1.1 Kontinentale und ozeanische Kruste

Von der Erdkruste weiß man seit langem, daß sie unter den Kontinenten ganz anders aufgebaut ist als unter den Ozeanen. Die **kontinentale Erdkruste** ist in der Regel etwa 30 bis 40 km dick. Sie grenzt in dieser Tiefe an einer durch die Beobachtung von Erdbebenwellen und von künstlichen Sprengungen im allgemeinen gut erkennbaren Grenze, der **Mohorovičić-Diskontinuität,** meistens kurz „Moho" genannt, an den oberen Erdmantel. Die Moho ist definiert durch einen mehr oder weniger scharfen Übergang der Geschwindigkeit der Longitudinalwellen von Erdbeben oder Sprengungen von etwa 6,5 km/sec auf knapp über 8 km/sec. Innerhalb der Erdkruste ist manchmal eine weitere Diskontinuität erkennbar, die **Conrad-Diskontinuität,** die die Unterkruste von der Oberkruste in etwa 20 km Tiefe trennt.

Die üblicherweise aufgeschlossenen Gesteine gehören zur kontinentalen Oberkruste. Gesteine der Unterkruste sind selten an der Erdoberfläche zu sehen; solche des oberen Mantels kennt man fast nur aus Einschlüssen in vulkanischen Gesteinen, die entsprechend großen Tiefen entstammen. Daher ist die Zusammensetzung der unteren Kruste noch nicht genau bekannt. Wegen des hohen Umschließungsdruckes von etwa 6 bis 10 kbar (bzw. 0,6–1GPa) und wegen der dort herrschenden Temperaturen von etwa 500 bis 1000 Grad Celsius handelt es sich auf jeden Fall zum großen Teil um metamorphe Gesteine und um magmatische Gesteine nahe ihrem Schmelzpunkt. Teilweise kommen sicher auch echte Schmelzen vor, doch ist der Schmelzanteil nie so groß, daß das Gestein über weite Strecken unfähig würde, seismische Transversalwellen zu übertragen.

Über die Natur der Moho ist ebenfalls nichts endgültiges bekannt. Wahrscheinlich handelt es sich weniger um eine scharfe chemische Grenze als vielmehr um eine Übergangszone zwischen Mineralphasen, die insgesamt ein Gestein ergeben, das chemisch in etwa basaltische Zusammensetzung hat.

Die **ozeanische Kruste** ist ganz anders aufgebaut als die kontinentale. Zunächst einmal beginnt sie in den großen Ozeanen erst rund 4000 m unter dem Meeresspiegel. Darunter folgen höchstens einige Kilometer an Sedimentgestein, darunter eine Abfolge von Vulkaniten und Plutoniten, die für die stetig neu entstehende ozeanische Kruste typisch sind und in einem späteren Kapitel genauer betrachtet werden sollen. Unter dieser magmatischen Lage folgt etwa 10 km unter dem Meeresboden eine Mohorovičić-Diskontinuität, ähnlich wie die unter der kontinentalen Kruste, und ein Erdmantel, der sich nur in Nuancen vom Mantel unter der kontinentalen Erdkruste unterscheidet.

Die Vorgänge der Erdkrustenbildung und Erdkrustenumformung spielen sich überwiegend in den genannten Bereichen ab.

4.1.2 Asthenosphäre

Unter der Krustenuntergrenze, also unterhalb der Moho, findet sich im oberen Teil des Erdmantels aber nochmals eine bemerkenswerte Schicht, die sog. Asthenosphäre. Die Asthenosphäre zeichnet sich dadurch aus, daß die Geschwindigkeit der seismischen Longitudinalwellen in ihr um einiges geringer ist als sonst im oberen Mantel üblich. Sie liegt unter den Ozeanen etwa 100 km unter der Erdoberfläche, unter den Kontinenten etwa 200 km. Die Asthenosphäre reagiert wesentlich plastischer auf mechanische Beanspruchung als der darüber und der darunter liegende Teil des oberen Mantels. Man nimmt daher an, daß in ihr Verschiebungen der höher gelegenen Teile gegenüber den tiefer gelegenen Teilen der Erdkugel am ehesten vonstatten gehen können. Man bezeichnet die äußere Erdschale, die über der Asthenosphäre liegt, als **Lithosphäre.** Die Lithosphäre besteht also aus der Erdkruste, sei sie kontinental oder ozeanisch *und* den obersten 100 bis 200 km des Erdmantels. Für die weitere Betrachtung der Plattentektonik ist es wichtig, die Begriffe Lithosphäre und Erdkruste nicht zu verwechseln.

4.1.3 Lithosphärenplatten

Die Plattentektonik zerlegt also die Erdoberfläche in Lithosphärenplatten, die unter den Ozeanen etwa 100 km, unter den Kontinenten etwa 200 km dick sind. Diese Lithosphärenplatten sind keine ebenen Gebilde, die sind vielmehr Segmente einer Kugeloberfläche. Dies wird bei späteren Betrachtungen eine Rolle spielen. Lithosphärenplatten sind voneinander durch drei Typen von Grenzen getrennt, die sehr unterschiedliche Funktionen haben. Sie sind nicht nur räumlich definierbare Grenzen, an ihnen spielen sich vielmehr auch alle wesentlichen Vorgänge der Dynamik der Erde ab. Man unterscheidet:

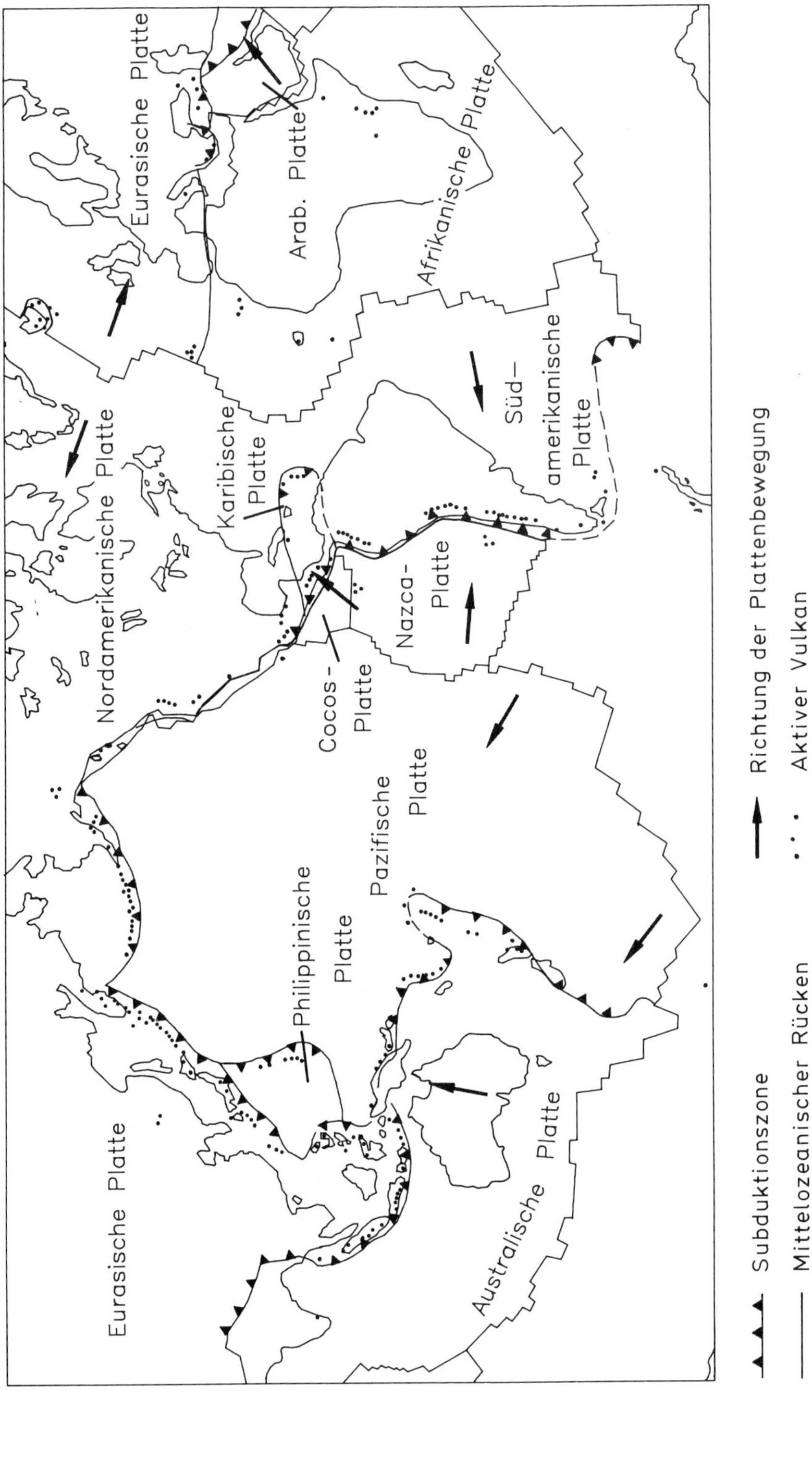

Abb. 4.1 Übersicht über die **heutige** Platteneinteilung der Lithosphäre. Das Zickzack der ozeanischen Rücken ist Folge des häufigen Versatzes der zentralen Spalten durch Transform faults (vgl. Abb. 4.16). (Nach SCHMINCKE 1986, Abb. 2-1).

- **Konstruktive Plattengrenzen:** Das sind Grenzen, an denen neue ozeanische Erdkruste entsteht. Es sind die Mittellinien der ozeanischen Rücken, an denen Sea-floor spreading stattfindet.
- **Destruktive Plattengrenzen.** Hier taucht ozeanische Lithosphäre, in seltenen Fällen auch kontinentales Material unter eine andere Lithosphärenplatte ab. Dieser Vorgang ist im allgemeinen mit Gebirgsbildung im weitesten Sinne verbunden. Solche Grenzen werden Subduktionszonen genannt.
- **Transform-Verwerfungen (Transform faults):** Dies sind Horizontalbewegungen ozeanischer, in gewissen Fällen auch kontinentaler Lithosphäre, an denen neue Erdkruste weder gebildet noch vernichtet wird. Die Transform-Verwerfungen, die nur scheinbar Blattverschiebungen gleichen, mit ihnen aber nicht verwechselt werden dürfen, entstehen als Ausgleichsbewegungen wegen der kugelschalenförmigen Oberfläche der Lithosphärenplatten.

Bevor wir die einzelnen Typen von Plattengrenzen näher besprechen, sei eine Übersicht über die acht größeren und vier kleineren Platten vorgestellt (Abb. 4.1). Man erkennt auf dem Bild rasch, daß tatsächlich keine der größeren Platten nur aus kontinentaler Lithosphäre besteht. Die meisten setzen sich aus Kontinenten und Ozeanteilen zusammen, nur der Pazifischen Ozean besteht aus fast rein ozeanischen Platten.

4.2 Konstruktive oder divergierende Plattengrenzen

Wir wollen unter diesem Begriff solche Plattengrenzen verstehen, an denen neue ozeanische Kruste entsteht. Es sind im eigentlichen Sinn alle aktiven ozeanischen Rücken. Sie sind identisch mit den **Sea-floor spreading-Zentren.** Vergleichbare Vorgänge spielen sich in kleinerem Maßstab auch an destruktiven Plattenrändern und inmitten von Kontinenten ab. Wir werden darauf bei späterer Gelegenheit zurückkommen.

Im Grundsatz entsteht bei jedem Vulkanausbruch ein Stückchen neuer Erdkruste. Sie ist bei Betrachtung eines einzelnen Vulkans freilich geradezu punktförmig und sitzt oft einer schon vorhandenen kontinentalen Kruste auf, wie beispielsweise die Vulkane der Eifel. Dies ist aber eher ein Einzelfall. Insgesamt gesehen spielt sich der größte Teil der vulkanischen Vorgänge auf der Erde an vier Strukturtypen ab (Abb. 4.2). Ein solcher Strukturtyp sind die Gebirge rund um den Pazifischen Ozean und längs des Südrandes von Europa und Asien. Weitere auffällige und bekannte Vulkangruppen befinden sich längs ausgeprägter Grabenstrukturen innerhalb von Kontinenten aufgereiht, beispielsweise am ostafrikanischen Grabensystem. Andere Vulkane liegen mitten in den Ozeanen, weitab von Kontinenträndern und ozeanischen Rücken.

Der weitaus größte und stetigste Vulkanismus aber findet in den Ozeanen längs der **mittel-ozeanischen Rücken** statt, wenn er auch nur selten, wie etwa in Island, an der Oberfläche sichtbar ist. Diese erdumspannenden Vulkangürtel sind es, in denen Gesteinschmelzen nicht nur punktförmig auf vorhandener Erdkruste abgelagert werden, sondern wo an sich ständig erweiternden Spaltensystemen neues,

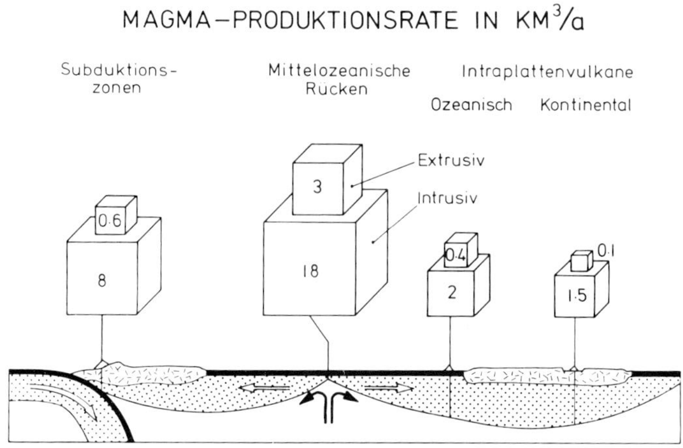

Abb. 4.2 Die vier wichtigsten Bereiche der Entstehung von Gesteinsmagmen mit einer Abschätzung der Magmenproduktion (in km³/Jahr). Man beachte, daß die größte Menge an Magmen an den ozeanischen Rücken entsteht, was in Abb. 4.1 nicht so zum Ausdruck kommt, da der größte Teil des ozeanischen Magmatismus untermeerisch stattfindet. (Aus SCHMINCKE 1986, Abb. 2-2).

aus tieferen Zonen des Erdmantels stammendes Material in der Lithosphäre abgesetzt wird, das deren Oberfläche vergrößert und sie nach den Seiten wegschiebt, um Platz für immer wieder neues aufsteigendes Gestein zu schaffen.

Die Oberfläche eines mittelozeanischen Rückens hebt sich im allgemeinen etwa zwischen 2000 und 3000 m aus den 4000 bis 5000 m tiefen Tiefsee-Ebenen heraus. Sie ist umso rauher strukturiert, je näher man ihrer Mittellinie kommt. Diese Mittellinie ist durch einen scharfen Graben gekennzeichnet. Da hier ozeanische Kruste eben im Entstehen ist und von hier aus nach beiden Seiten langsam wegwandert, liegen umso weniger Sedimente auf den mittelozeanischen Rücken, je näher wir dieser Mittellinie kommen. Umgekehrt nimmt die Mächtigkeit des Sedimentstapels, aber auch das Alter seiner tiefsten Teile zu, je weiter wir uns von der Mittellinie entfernen. Da die Fläche des Ozeanbodens durch das Eindringen neuen Gesteinsmaterials aus dem Erdmantel in die Lithosphäre und in die ozeanische Kruste stetig größer wird, wurde diese Erscheinung von den amerikanischen Erstautoren als **Sea-floor spreading** bezeichnet. Der Versuch, eine deutsche Übersetzung einzuführen, hat sich nicht durchgesetzt. Diese Vergrößerung des Areals der Ozeane wurde schon vor der Einführung des Begriffs Plattentektonik erkannt und beschrieben. Der Beweis dafür geht im wesentlichen auf die paläomagnetischen Untersuchungen zu Anfang der sechziger Jahre zurück (s.Kap. 3.: Paläomagnetik). Es sei aber hier nochmals vermerkt, daß OTTO AMPFERER schon 1941 die Erscheinung des Sea-floor spreading — ohne es so zu benennen — als einen der wichtigsten geologischen Prozesse in einer Zeichnung dargestellt und kurz beschrieben hat (s. Abb. 2.4).

Aus dem Alter der in bestimmten Entfernungen vom Zentrum der Ozeanrücken unmittelbar dem vulkanischen Ozeanboden aufliegenden Sedimente, durch die

Ergebnisse der Paläomagnetik (vgl. Kap. 3, resp. Abb. 3.10 u. 3.11) und unmittelbar durch Altersbestimmungen an den vulkanischen Gesteinen des Meeresbodens läßt sich die Geschwindigkeit berechnen, mit der zu beiden Seiten der zentralen Spalte der aktiven ozeanischen Rücken die Lithosphärenplatten auseinander weichen. Sie beträgt im allgemeinen einige Zentimeter pro Jahr; die schnellste Platte, die Nazca-Platte westlich von Peru, bewegt sich sogar mit etwa 10 cm pro Jahr. Die Geschwindigkeit der Krustenbildung und damit der Plattenbewegung ist nicht zeitlich konstant.

Was geht im einzelnen in der Umgebung einer ozeanischen Spalte vor?

4.2.1 Der Aufbau der Mittelozeanischen Rücken

Die mittelozeanischen Rücken haben einen typischen Aufbau, der mit den Prozessen der Intrusion und Effusion der Gesteinschmelzen zusammenhängt. Zu oberst liegen Basaltlaven, häufig, wie das unter Wasser zu sein pflegt, als Kissenlaven (Pillow-Laven) entwickelt. An manchen Stellen entstehen regelrechte Vulkanbauten, die unter Umständen respektable Größen erreichen können, wie beispielsweise Island, oder aber kleine Vulkaninseln bilden wie etwa Tristan da Cunha. Unter dieser Lage eigentlich vulkanischer Gesteine befindet sich eine mächtige Lage von Ganggesteinen, die sich gegenseitig durchdringen und am besten die Vergrößerung des Ozeanbodenareals durch das Eindringen von Gesteinschmelze in sich öffnende Spalten dokumentieren. Es ist die Zone der sogenannten „geschichteten Gänge" oder im üblichen englischen Sprachgebrauch: **Sheeted dykes.** Darunter folgt eine Zone von Intrusivgesteinen, insbesondere Gabbros, aber auch ultrabasischen Gesteinen, insbesondere Peridotiten (Abb. 4.3).

Die Dreier-Abfolge von Pillowlava, Peridotiten und darüber liegenden radiolarienführenden Sedimenten nannte man früher nach ihrem Erstbeschreiber **STEINMANN-Trinität.**

An manchen Orten treten im Bereich der Spaltensysteme heiße Lösungen mit oft über 100 °C Temperatur aus. Sie sind manchmal reich an gelösten Schwermetallsulfiden, die dann an der Austrittsstelle kaminartig ausgefällt werden, die soge-

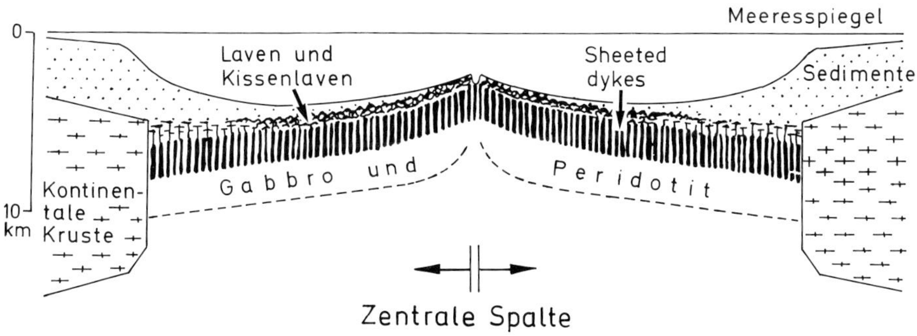

Abb. 4.3 Schema des Aufbaues eines jungen ozeanischen Spaltensystems, entstanden durch Spaltung eines Kontinentes. Beide Ränder sind Passive Kontinentränder. (Nach EINSELE 1986, Fig. 9; verändert).

nannten schwarzen Raucher („Black smokers"). Berühmt geworden ist dafür ein Bereich in der Gegend der Galapagos-Inseln. Bemerkenswert ist an diesen heißen Quellen nicht nur die Schwermetallführung, die wohl weitgehend aus der Konzentration von Spurengehalten an Blei, Zink und Kupfer der durchströmten Sedimente und Vulkanite der ozeanischen Kruste, aber auch des oberen Mantels stammt, sondern noch mehr das sich darum herum entwickelnde eigenartige Leben. Halbmetergroße Würmer und Muscheln leben, teils im Schlick vergraben, von Archäbakterien, die ihre Substanz und Energie aus dem Abbau der Sulfide gewinnen und bei Temperaturen um 100 °C leben können. Aber auch andere Lebewesen, selbst Fische, finden am Ende dieser Nahrungskette besonderer Art ihr Auskommen.

Das Netz von ozeanischen Rücken zieht sich durch alle Ozeane. Man hat früher oft generell von „mittelozeanischen Rücken" gesprochen, weil der mittelatlantische Rücken, der bekannteste und Europa wie Nordamerika nächstliegende, tatsächlich in der Mitte zwischen beiden Kontinenten liegt. Ähnliches gilt auch für den ozeanischen Rücken zwischen Antarktis und Australien. Andere aktive Rücken dagegen liegen asymetrisch zur Mittellinie der Ozeane, besonders auffällig der ostpazifische Rücken, der von Süden nach Norden sich dem Kontinent immer mehr annähert, bis er schließlich am Golf von Kalifornien verschwindet.

Wir fassen noch einmal zusammen: Im Bereich der aktiven ozeanischen Rücken entsteht stetig neue ozeanische Lithosphäre aus Gesteinsmaterial, das aus unbekannten Tiefen nach oben steigt. Die Ausdehnung des Ozeanbodens zu beiden Seiten eines solchen Rückens beträgt mehrere Zentimeter im Jahr. Addiert man dies über alle ozeanische Rücken, so erhält man eine lineare Ausdehnung von mindestens 15 cm pro Jahr. Das macht bei einer Länge der Rücken von insgesamt etwa 50000 km eine Vergrößerung der Ozeanfläche von etwa 7,5 km^2 pro Jahr aus. Projiziert man diese Zahlen auf geologische Zeiträume, so erhält man immerhin lineare Ausweitungsbeträge von 15 km in 100000 Jahren oder 15000 km in 100 Mio. Jahren, d.h. seit der Kreidezeit. In Flächen umgerechnet ergäbe das grobgeschätzt eine Vergrößerung der Ozeanbodenfläche seit der mittleren Kreide in der Größenordnung von 750 Mio. km^2.

Tatsächlich gibt es Theorien, die mit einer solchen Oberflächen-, d.h. aber auch Volumenvergrößerung der Erde rechnen (Expansions-Theorie). Im Sinne der klassischen Plattentektonik stimmt dies nicht. Vielmehr wird die zusätzlich produzierte Fläche im etwa gleichen Rhythmus an anderen Stellen wieder dem Erdmantel zugeführt, so daß ein Kreislauf zwischen junger, neu entstehender ozeanischer Kruste und alter, vernichteter ozeanischer Kruste entsteht. Diesen Vernichtungsprozeß und seine Begleiterscheinungen werden wir in Kap. 4.3 kennenlernen.

4.2.2 Intrakontinentale Spaltenbildung („Rifting")

Vorher aber noch ein Wort über den Beginn einer Spaltenbildung. Wir sind bisher bei unseren Betrachtungen immer davon ausgegangen, daß ein Ozean mit einem ozeanischen Rücken und dazugehörigem Sea-floor spreading schon vorhanden sei. Andererseits wissen wir aus der durch die Erkenntnisse der Plattentektonik bestätigten Kontinentalverschiebungstheorie, daß bis weit ins Mesozoikum hinein ein einheitlicher Südkontinent bestand, ohne Atlantik, ohne Indik, ohne Südpolarmeer. Es muß also irgendwann eine Zeit gegeben haben, in der hier und dort sich Spalten in diesem Großkontinent gebildet haben, in denen erstmals juveniles, basaltisches und ultrabasisches Material aus dem Mantel aufgestiegen ist und begonnen hat, neuen Ozeanboden zu bilden. Dieser Vorgang wird auch **Rifting** genannt.

Der Frage, warum und durch welche physikalischen Vorgänge bedingt an gewissen Stellen solche Spalten aufreißen, wollen wir später nachgehen. Zunächst sei untersucht, ob es solche Anfänge von Spaltenbildung auch heute gibt oder in geologisch kurzer Vergangenheit gegeben hat.

Ein Beispiel liegt uns recht nah: der Oberrheingraben (Abb. 4.4). Er ist das auffälligste Glied einer Kette von Grabenstrukturen, die in seiner ungefähren Verlängerung schon in Nordafrika auftreten, im Graben des Rhonetals sichtbar sind und sich nach Norden einerseits zum Niederrhein, andererseits zum Leinetalgraben bei Göttingen fortsetzen. Die Kruste ist an ihm um mehrere Kilometer seitlich auseinander gebrochen. Der Riß wurde zwar von Beginn seiner Existenz im Eozän an ständig mit Sedimenten verfüllt. Doch zeigt der Vulkanismus im Kaiserstuhl und zeigen die zahlreichen Erdbeben und Vulkane in seiner näheren und weiteren Umgebung an, daß hier auf eine lange Erstreckung tatsächlich ein durchgehender Riß in der Erdkruste entstehen möchte. Die Tendenz zum Aufreißen der Lithosphäre an dieser etwa Nord-Süd verlaufenden Zone ist sehr alt. Davon zeugen die permischen Vulkanite des Oslograbens in Norwegen und die großen mesozoischen Grabenstrukturen im Untergrund der Nordsee, deren Existenz wir das Nordseeöl verdanken (s. Abb. 10.7, 10.8). Sie sind freilich längst nicht mehr aktiv. Wir haben in diesem europäischen Grabensystem ein Beispiel vor Augen, wie seit über 200 Mio. Jahren eine Tendenz zur Spaltenbildung besteht, die aber nie wirklich zum Durchbruch von Material aus dem oberen Mantel und zur Entstehung eines Ozeans ausgereicht hat.

Ein etwas weiteres Entwicklungsstadium hat das System der ostafrikanischen Gräben erreicht. Nicht nur reicht ihr Grund am Boden der tiefen ostafrikanischen Seen weit unter den Meeresspiegel hinab. Der Vulkanismus ist in diesem mehrfach verzweigten Bruchsystem wesentlich intensiver als am mitteleuropäischen Längsriß und überdies besteht im Norden über die Afar-Senke Verbindung zu echten, ozeanisch gewordenen Spalten.

Im Afar-Dreieck nämlich, am Südende des Roten Meeres, vereinigt sich dieses ostafrikanische Grabensystem einerseits mit der Spalte des Roten Meeres, andererseits über den Golf von Aden mit einem ganz normalen, schon lange Zeit existierenden ozeanischen Rücken, dem Carlsberg-Rücken.

Das Rote Meer ist ein gutes Beispiel für die Zerspaltung eines Kontinentes, die bereits das Stadium eines Ozeans erreicht hat. Es wird von einem noch schmalen ozeanischen Rücken in seiner Längserstreckung durchzogen. Das Auseinanderweichen der Flanken dieses neugeborenen Ozeans ist durch die relative Ostbewegung Arabiens weg von Sudan und Ägypten klar dokumentiert und wird im Kartenbild und vor allem im Satellitenbild recht plastisch anschaulich gemacht.

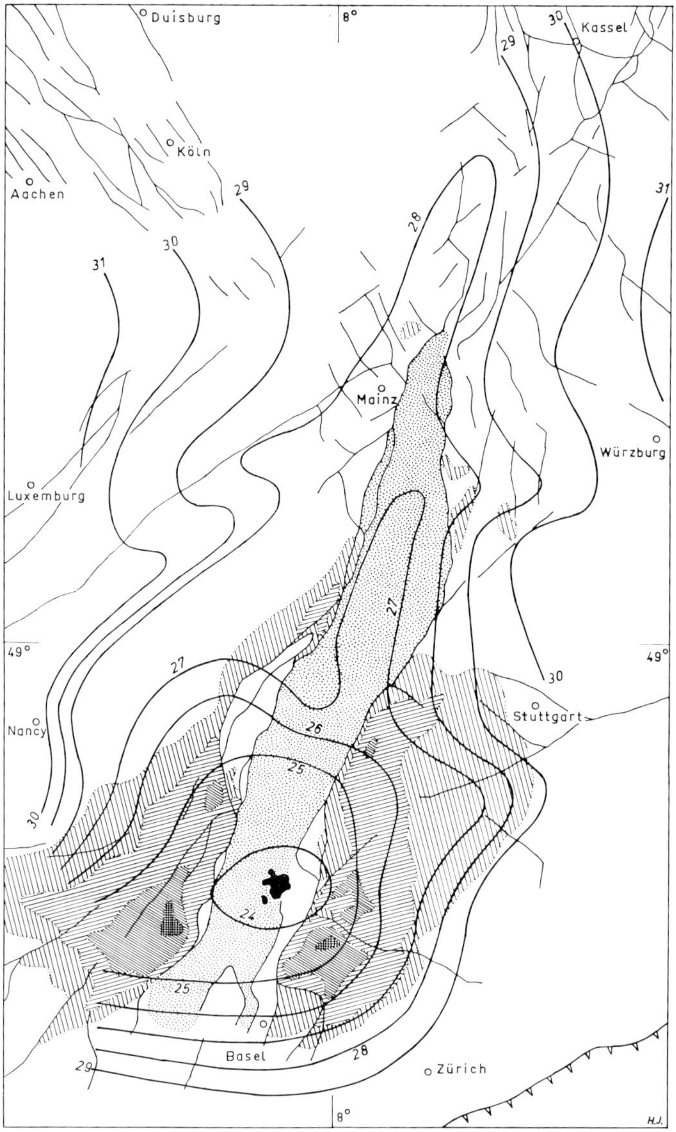

Abb. 4.4 Der Oberrheingraben als Beispiel eines kontinentalen Spaltensystems. Man beachte die „Beule" im Erdmantel mit ihrem Zentrum unter dem Kaiserstuhl-Vulkan (schwarz), dargestellt als Tiefenlinien der Mohorovičić-Diskontinuität. Die verschiedenen Schraffuren geben den Betrag des Aufstiegs der beiderseitigen Grabenschultern (Vogesen und Schwarzwald) gegenüber der Sedimentfüllung des Grabens wieder. (Aus ILLIES 1974, Abb. 7).

Eine Prognose, ob ein Grabensystem wie das mitteleuropäische, das ostafrikanische oder das Rote Meer in seiner weiteren Entwicklung zu einem großen Ozean werden wird, ist nicht möglich. Es gibt aus der geologischen Vergangenheit viele Strukturen, von denen man annimmt, sie hätten einmal gerne ein Ozean werden wollen. Sie werden als **Failed rifts,** „mißlungene Spalten" bezeichnet.

4.3 Destruktive oder konvergierende Plattengrenzen

Wir hatten im vorigen Kapitel ausgerechnet, um welch großen Betrag die Erdoberfläche ständig wachsen müßte, wenn der Neuzuwachs an ozeanischer Kruste nicht durch einen anderen Vorgang aufgehoben würde. Solche Verschluckungszonen ozeanischer Kruste existieren tatsächlich. Sie werden **Subduktionszonen** genannt.

Im Grunde genommen waren sie schon ALFRED WEGENER bekannt, der die großen Gebirge der Erde als „Bugwellen" der wandernden Kontinente betrachtet hatte. In einer Zeit, als die Kontraktionstheorie weltweit anerkannt war, nach der die Gebirge im anschaulichen Vergleich als die Runzeln eines austrocknenden Apfels, der sich durch Wärmeverlust abkühlenden Erde, angesehen wurden, konnte ALFRED WEGENER sich auch mit dieser Erklärung der Gebirgsbildung nicht durchsetzen.

Die Subduktionszonen, an denen ozeanische Kruste nach unten verschwindet, sind auf den ersten Blick durch vier auffällige Merkmale gekennzeichnet:

- Sie bilden neben den ozeanischen Rücken die Hauptvulkangebiete der Erde.
- Sie sind die erdbebenreichsten Gebiete der Erde, insbesondere am reichsten an schweren Erdbeben.
- Sie werden stets von Tiefseegräben begleitet, von schmalen Furchen im Ozeanboden, die weit unter die durchschnittliche Meerestiefe hinabreichen.
- Sie werden entweder von Faltengebirgen oder von Inselbögen begleitet.

Alle diese Erscheinungen stehen in einer komplizierten Wechselwirkung zueinander. Sie lassen sich letztendlich alle auf das Niedertauchen ozeanischer Lithosphäre unter eine andere Lithosphärenplatte erklären. Im einzelnen können diese Beziehungen sehr unterschiedliche Form annehmen.

Die an die Umrandung des Pazifischen Ozeans geknüpften Erdbebenherde liegen umso tiefer, je weiter sie vom Ozean entfernt sind. Sie scheinen tatsächlich an einer Fläche aufgereiht zu sein, die vom Ozean weg einfällt und häufig bei etwa 200 km Tiefe geknickt ist und steiler wird (Abb. 4.5). Manchmal endet diese Erdbebenzone mit mitteltiefen Erdbeben bei etwa 200 km Tiefe, manchmal setzt sie sich nach unten fort mit einem Höhepunkt bei etwa 600 km Tiefe. Tiefere Erdbeben werden nicht beobachtet. Man hat diese Erdbebenzone, noch bevor von Plattentektonik als solcher die Rede war, nach dem amerikanischen Geophysiker H. BENIOFF als BENIOFF-Zone bezeichnet. BENIOFF selbst hatte diese Anordnung noch auf Dichte-Unterschiede zwischen den Kontinenten und dem Ozean bezogen. Heute sieht man in ihr die Reibungszone zwischen der abtauchenden ozeanischen Lithosphärenplatte und der benachbarten unterfahrenen, meist kontinentalen Platte.

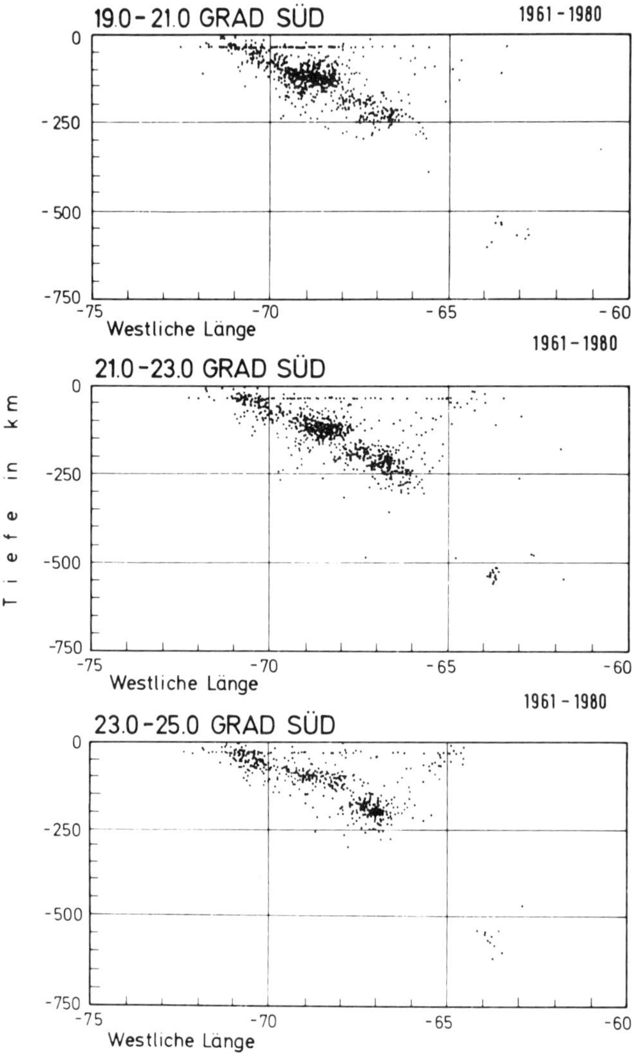

Abb. 4.5 Lage der Erdbebenherde in den zentralen Anden, zusammengefaßt nach Bereichen geographischer Breite. Die Aufreihung in einer unter den Kontinent einfallenden Zone ist als Abbild der abtauchenden ozeanischen Lithosphärenplatte zu verstehen („Benioff-Zone“). (Nach BUNESS et al., aus ZEIL 1986, Abb. 45).

Der den Ausbiß der Subduktionszone anzeigende Tiefseegraben stellt im allgemeinen auch ein Schwereminimum dar. Das Fehlen von Gesteinsmaterial gegenüber seiner Umgebung ist also nicht etwa durch entsprechend dichtere Materialien im Untergrund ausgeglichen, sondern es sinkt tatsächlich Lithosphärenmaterial aktiv nach unten weg. Das Gebiet zwischen Tiefseegraben und Küste, teils auch noch der küstennahe Rand des Kontinentes, nehmen, falls überhaupt Material aus dem Hinterland herangeführt wird, Sedimente von großer Mächtigkeit auf. Falls ein Inselbogen vorhanden ist, kommt entsprechendes Material auch von ihm her. Diese Sedimente sinken mit der ozeanischen Lithosphäre nach unten, werden dabei zunehmend gefaltet und metamorph. Diese Sedimentgesteinskörper nehmen zwischen Subduktionszone und kontinentaler Lithosphäre und zwischen schuppenartigen Verwerfungen keilförmige Gestalt an, daher wurde für sie der Name **Akkretionskeile** geschaffen. Besonders charakteristisch für sie ist, daß in ein und demselben Sedimentgesteinskörper die Faltung und Verschuppung nach unten sehr stark zunimmt, während sich gegen oben zu immer weniger gefaltete, in den höchsten, jüngsten Schichten ungefaltete Sedimente darüber legen. Da das Absinken dieser großen, zunächst auf Umgebungstemperatur befindlichen Sedimentmassen in geologischen Zeiträumen gesehen recht rasch vor sich geht (erinnert sei an die Geschwindigkeit von einigen Zentimetern pro Jahr, mit der die Platten wandern), gelangen die Gesteine relativ rasch in große Tiefen, d.h. unter großen Überlagerungsdruck, ohne daß sie ebenso schnell die für entsprechende Erdtiefen charakteristischen hohen Temperaturen annehmen könnten. So entwickelt sich in den tieferen Teilen dieser Akkretionskeile eine Hochdruck/Niedrigtemperatur-Metamorphose, die als **Versenkungsmetamorphose** bezeichnet wird. Da die überwiegend aus Quarz und Feldspat bestehenden Sedimentgesteine auch nach der Metamorphose noch relativ leichter sind als ihre Umgebung, steigen sie bei Nachlassen der Subduktionstätigkeit sehr rasch wieder um große Beträge nach oben, wo sie Hochgebirge bilden und entsprechend ihrem raschen Emporsteigen sehr schnell der Erosion anheim fallen. Daher findet man in solchen Akkretionskeilen heute Gesteine, deren Mineral-Paragenese in Einzelfällen auf Drucke von vielen Zehnern von Kilometern, ja sogar über 100 km ehemaliger Überlagerung hinweist. Dies ist beispielsweise für die Gegend südlich des Monte Rosa durch das Auftreten von Coesit, einer Hochdruckform des SiO_2, vor kurzem nachgewiesen worden.

Die in diese große Tiefen gezogenen Sedimente sind reich an Wasser. Dieses Porenwasser wird, auch wenn die Gesteine bei weitem nicht den Schmelzpunkt erreichen, doch in überkritischen Zustand überführt und wandert als Wasserdampf durch die heiße kontinentale Lithosphäre nach oben. Die Entfernung dieser dampfreichen Zone vom Ausbiß der Subduktionszone hängt von deren Einfallswinkel unter den Kontinent ab. Da die Gesteine des oberen Mantels und der Unterkruste in der Regel Temperaturen nahe ihrem Schmelzpunkt aufweisen und das von unten zugeführte Wasser als Flußmittel ihren Schmelzpunkt herabsetzt, werden im oberen Mantel letztlich auf Grund des Subduktionsvorganges Schmelzen gebildet, die bis an die Oberfläche dringen können und dort mit zu der Entstehung der langen Vulkanreihen beitragen, die die Subduktionszonen begleiten (Abb. 4.6, 4.7). Ein großer Teil der an die Oberfläche gelangenden Schmelzen ist aber nicht unmittelbares Ergebnis aufgeschmolzenen Mantelmaterials, sondern Produkt der üblichen **Magmendifferenzierung.** Zu einem anderen Teil entstammen sie auch der weniger basischen Unterkruste und sind durch Mischung von Unterkrustenmaterial mit Mantelmaterial oder überhaupt nur durch Aufschmelzung der kontinentalen Erdkruste entstanden, wobei die dafür notwendigen Wärmemengen und leichtflüchtigen Stoffe letztlich aber auch aus dem Bereich des oberen Mantels stammen.

Man hat sogar schon einen Beweis gefunden, daß Meeressedimente nach ihrer Reise in die Tiefe wieder in Vulkane eingebracht werden können. Dies geschah auf Grund des nur in der hohen Atmosphäre gebildeten Isotops ^{10}Be, das dennoch in den südchilenischen Anden in jungen vulkanischen Gesteinen entdeckt wurde.

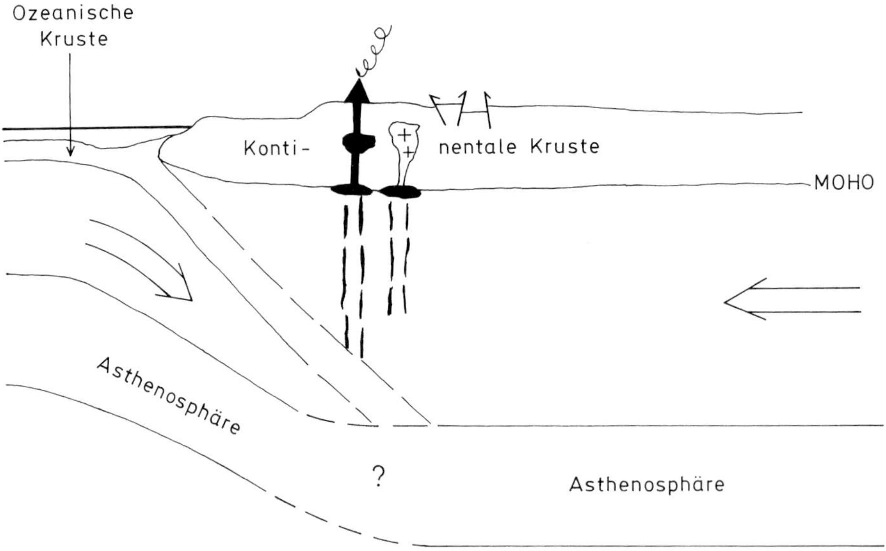

Abb. 4.6 Schema einer einfachen Subduktion ozeanischer Lithosphäre unter kontinentale Lithosphäre. Entstehung von Magmen im oberen Mantel angeregt durch Entwässerung der abtauchenden Platte.

Abb. 4.7 Die Vulkane Parinacota und Pomarape an der chilenisch/bolivianischen Grenze als Ausdruck des Vulkanismus über einer aktiven Subduktionszone. Blick nach Osten.

Wie schon früher dargestellt, ist der Abtauchwinkel der Subduktionszone nicht überall derselbe. Eine Subduktionszone kann in sich einen Knick aufweisen, sie kann aber auch in ihrer streichenden Erstreckung innerhalb recht eng begrenzter Abschnitte ihren Abtauchwinkel wesentlich ändern. Damit ändert sich dann auch die Anordnung der Erdbeben und die Anordnung der magmatischen Tätigkeit relativ zum Kontinentrand.

Die Mobilisierung des Wassers aus der Subduktionszone findet überwiegend bei bestimmten Tiefen, etwa um 100 km statt, so daß auch die durch dieses Wasser letztlich induzierte magmatische Tätigkeit auf einen bestimmten Streifen im Kontinent beschränkt ist. Man nennt so einen Streifen intensiver magmatischer (plutonischer wie vulkanischer) Tätigkeit einen magmatischen Bogen oder meist **Magmatic arc.** Dieser Streifen hoher magmatischer Aktivität liegt umso weiter vom Ausbiß der Subduktionszone entfernt und ist umso breiter, je flacher die Subduktionszone einfällt. So glaubt man heute, auch für längst „fossile" Kontinentränder die Lage einer ehemaligen Subduktionszone definieren zu können.

Beim Vorgang der Subduktion kann es geschehen, daß Späne der ozeanischen Kruste, manchmal auch mit darauf liegenden Sedimentgesteinen vom auskeilenden Kontinent wie von einem Hobel abgeschnitten werden und auf den Kontinent geraten. Einen solchen Vorgang nennt man **Obduktion.** Wenn ein Stück ozeanischer Kruste einfach gegen den Kontinent gepreßt wird und ihn auf diese Weise vergrößert, so spricht man von **Akkretion** ozeanischer Kruste.

Wir haben anfangs gesehen (vgl. Abb. 4.1), daß die meisten Lithosphärenplatten aus Kontinent- und Ozean-Anteilen bestehen. Grenzt eine Platte mit einem Kontinent unmittelbar an einer Subduktionszone an eine andere Platte, so spricht man von einem **aktiven Kontinentrand.** Ein Beispiel dafür bildet die Grenze der Nazca-Platte des Ostpazifiks zu Südamerika. Gehören dagegen ein Kontinent und ein angrenzender Ozean, wie beispielsweise Südamerika und der westliche Südatlantik, ein und derselben Lithosphärenplatte an, so spricht man von einem **passiven Kontinentrand.**

Wir haben bisher einen recht vereinfachten Fall von Subduktionszonen betrachtet. Sehr häufig bildet sich auf dem Kontinentrand einige zehn Kilometer vom Ozean entfernt eine ausgeprägte Grabenstruktur (Abb. 4.8). Die Zerrungstektonik an dieser Stelle kann so weit gehen, daß eine Spalte bis zum Erdmantel aufreißt und sich ein regelrechter Ozean mit einem mittelozeanischen Rücken und einer zentralen Spalte bildet (Abb. 4.9). Zwischen diesem langgestreckten, im allgemeinen etwa 50 oder auch 100 km breiten Ozean und der eigentlichen ozeanischen Platte bleibt dann ein ebenfalls schmaler Streifen kontinentaler Kruste bestehen, in dem sich häufig magmatische Aktivität zeigt. Er wird zum **Inselbogen.** Der kleine Ozean zwischen Inselbogen und Kontinent wird als **Back-arc basin** bezeichnet, der Sedimentationsraum ozeanwärts vom Inselbogen als **Fore-arc basin.** Deutsche Namen für diese Strukturen haben sich nicht eingebürgert. Die Gesteine des Back-arc basins entstammen teilweise dem Kontinent, teilweise dem Vulkanismus des Beckens selbst, teilweise dem Vulkanismus des Inselbogens. Die Sedimente des Fore-arc basins entstammen überwiegend dem Inselbogen.

Nach den Eigenschaften der Subduktionszone und ihrer Umgebung unterscheidet man einen **Chile-** und einen **Marianen-Typ** (Abb. 4.10). Dieser zeichnet sich

Abb. 4.8 Blick von der chilenischen Küstenkordillere über den dunstbedeckten Längstalgraben zur Hochkordillere, etwa auf der Breite von Santiago. Ein Beispiel für die Bildung einer Zerrungsstruktur über einer Subduktionszone.

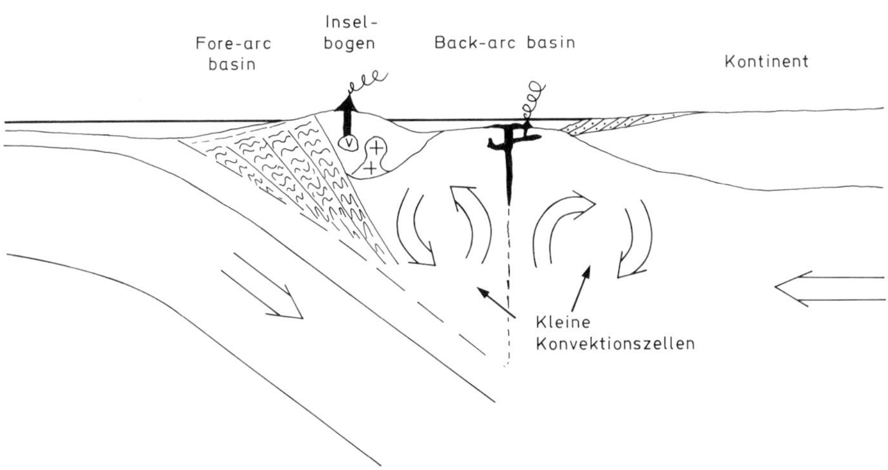

Abb. 4.9 Schema eines aktiven Kontinentrandes mit Entwicklung eines Randmeeres (Back-arc basin). Der Akkretionskeil kann in fortgeschrittenem Stadium einen „äußeren, tektonischen Bogen" vor dem „inneren, vulkanischen Bogen" bilden.

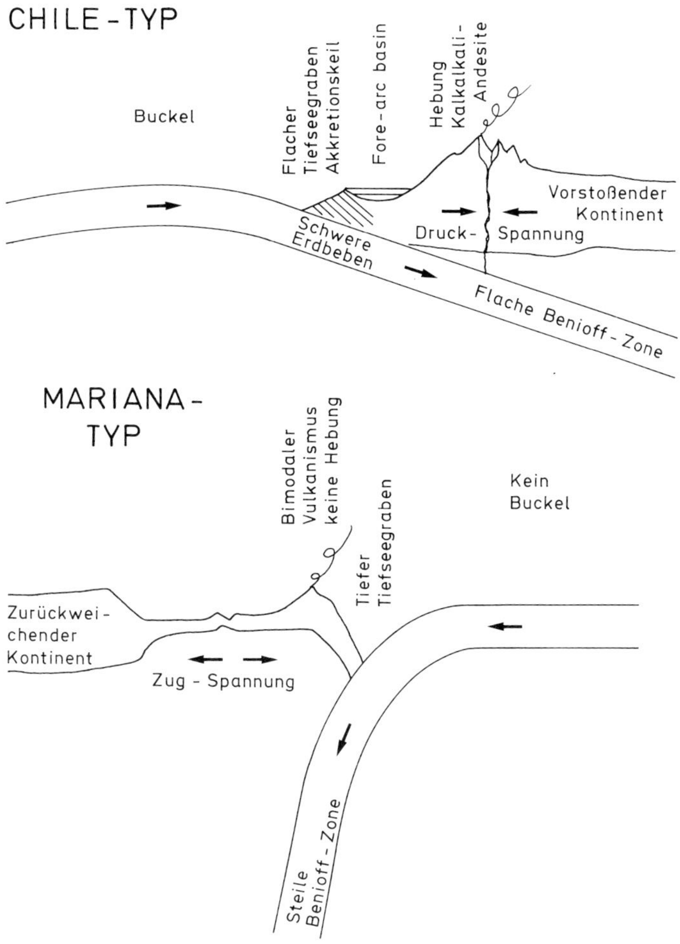

Abb. 4.10 Vergleich von Subduktionszonen vom „Chile-" und „Marianen"-Typ. Nach UYEDA (1981, Fig. 8), verändert.

unter anderem durch das Auftreten von Zerrungsstrukturen hinter einem Inselbogen aus.

Es ist bis jetzt noch nicht mit Sicherheit geklärt, wie das Aufreißen einer solchen breiten Spalte trotz der generellen Einengung an einem aktiven Kontinentalrand mechanisch erklärt werden kann. Ein besonders typisches Beispiel für die geschilderte tektonische Situation findet sich zur Zeit im Profil von den Süd-Shetland-Inseln zur Antarktischen Halbinsel (Abb. 4.11–4.15).

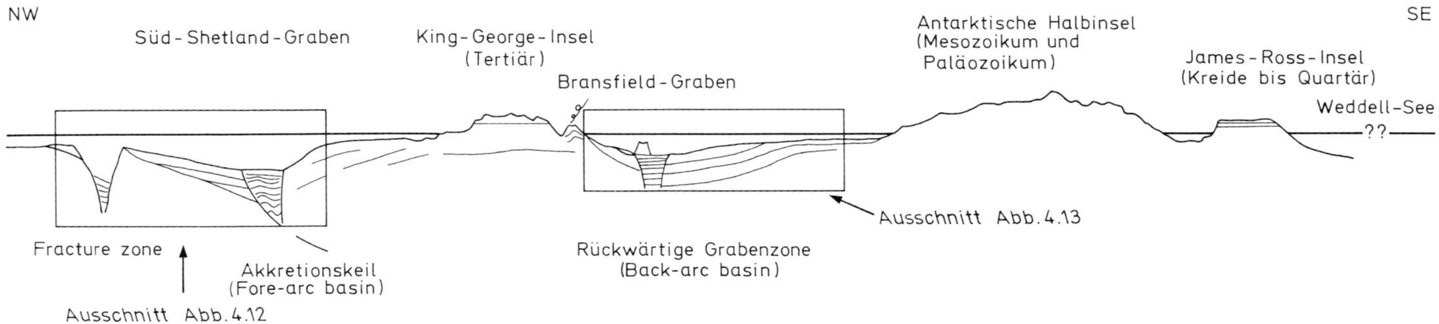

Abb. 4.11 Schematisches Profil durch die Süd-Shetland-Subduktionsstruktur. Nicht maßstäblich, überhöht. Nach reflexionsseismischen Originalprofilen der geophysikalischen Arbeitsgruppe der Polarstern-Fahrt ANT VI/2 (MEISSNER et al. 1988) gezeichnet. Vgl. auch Abb. 4.12, 4.13, 4.14.

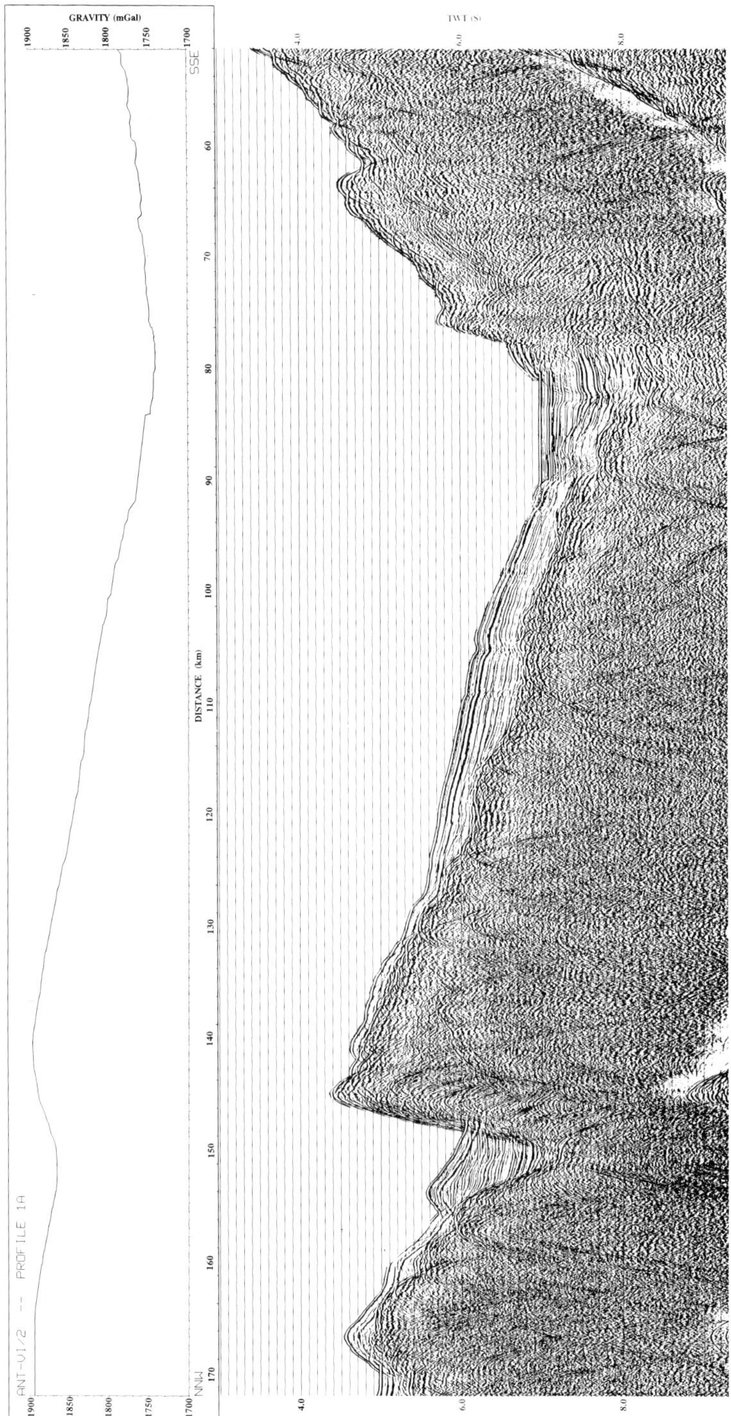

Abb. 4.12 Seismisches Profil durch den Süd-Shetland-Graben (vgl. Abb. 4.11). Links eine Bruchzone, rechts der eigentliche Tiefseegraben. EDV-überarbeitete Originalaufnahme von Air gun-Profilen. Sedimente und Grundgebirge sind leicht zu unterscheiden. Die „bergartigen" spitzen Hyperbeln sind Effekte der Beugung seismischer Wellen an Bodenkanten und nicht direkt als Berge zu deuten. (Aus MEISSNER et al. 1988).

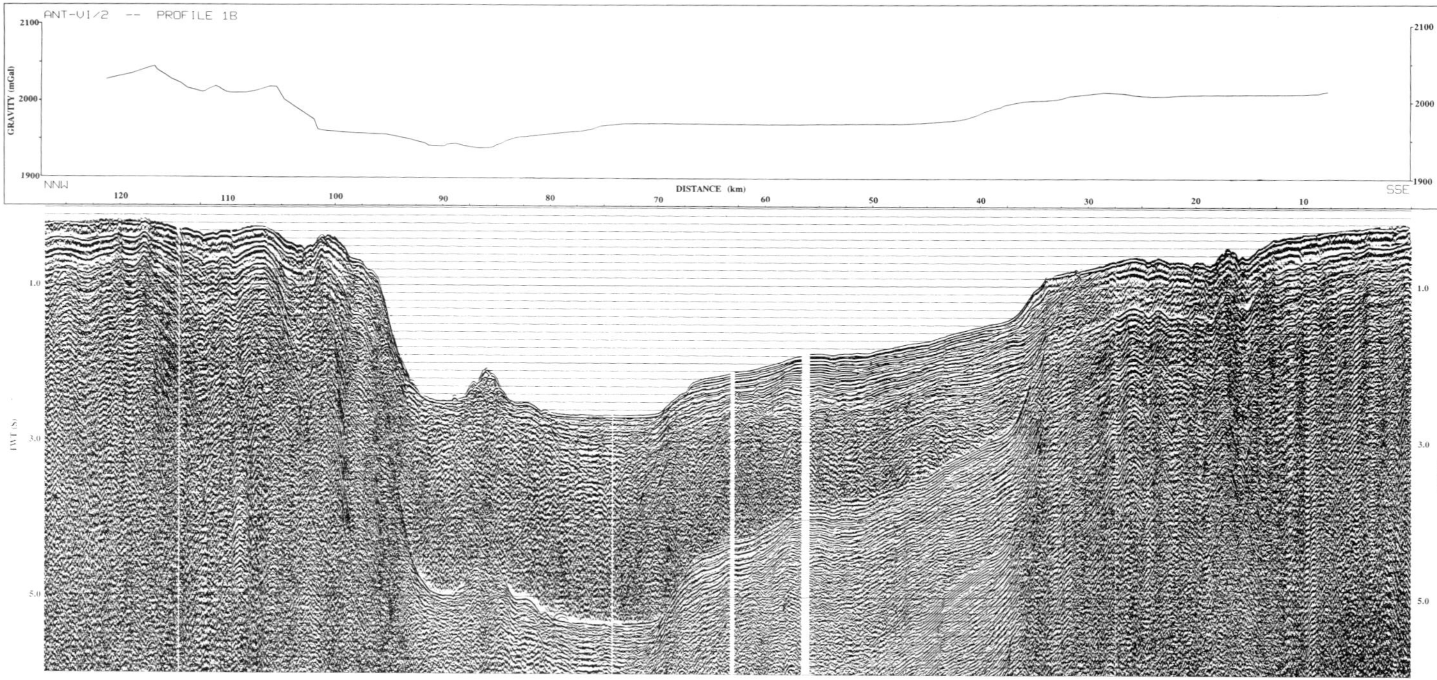

Abb. 4.13 Seismisches Profil durch die Bransfield-Straße von der Nordostspitze von King George Island zum Antarctic Sound. Im zentralen Graben befindet sich ein untermeerischer Vulkan. Von rechts wird ein Sedimentfächer aus dem Gebiet der Antarktischen Halbinsel den Kontinentalhang herab geschüttet. (Aus MEISSNER et al. 1988).

Abb. 4.14 Seismisches Profil durch die Bransfield-Straße von King George Island zur Antarktischen Halbinsel, etwa 60 km westlich des Profils von Abb. 4.13. Im zentralen Graben verzahnen sich ruhig geschüttete Sedimente (rechts) mit erdrutschartig geflossenen, wohl rein pyroklastischen Gesteinen (links). Auch die vom linken Bildrand her geschütteten Sedimente scheinen weitgehend lawinenartig geschüttet worden zu sein. Die zahlreichen ausgeprägten „Strukturen" größerer Tiefenlagen sind nicht reell, sondern Mehrfachreflexionen. (Aus MEISSNER et al. 1988).

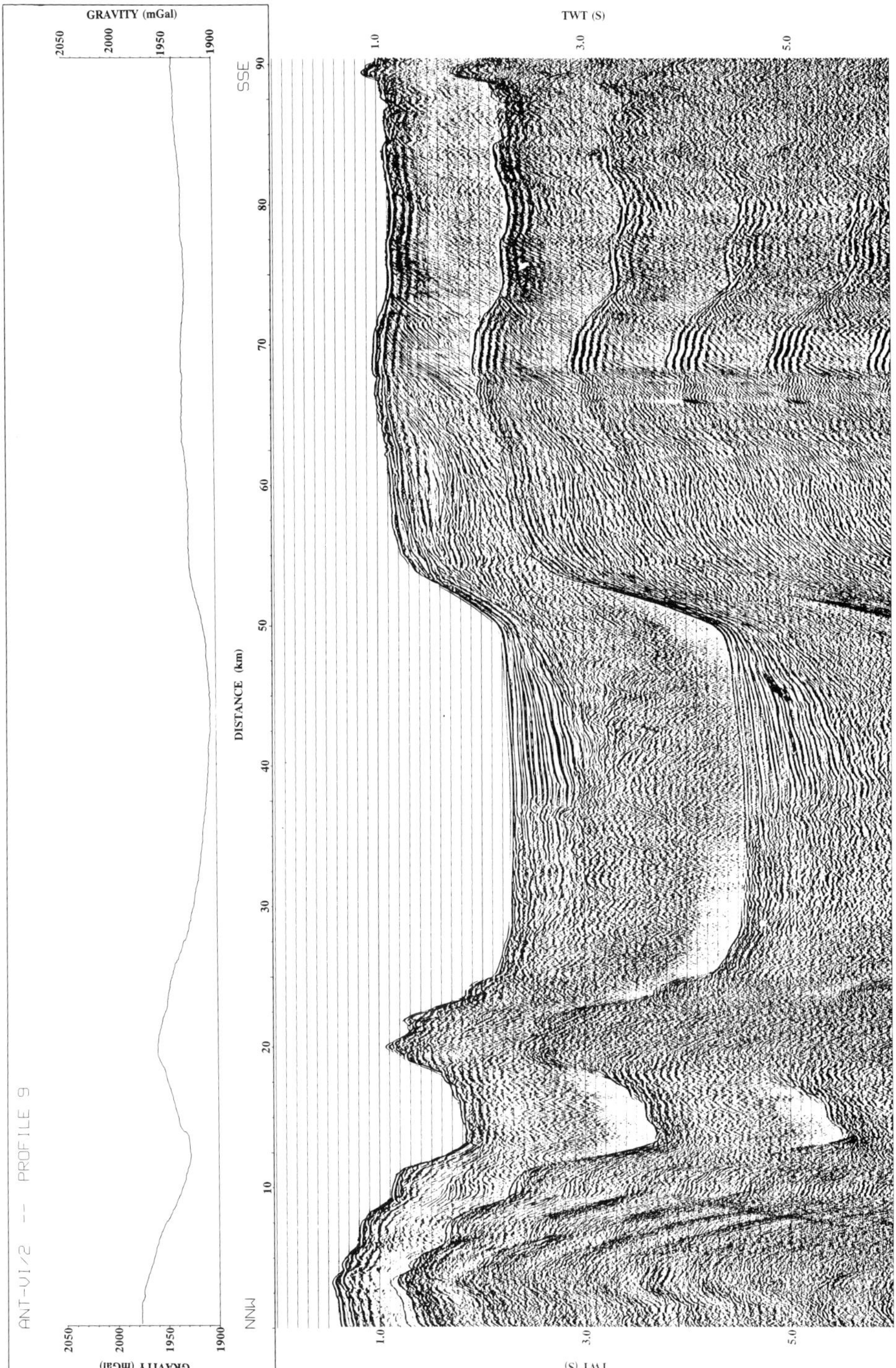
ANT-VI/2 -- PROFILE 9
GRAVITY (mGal)
2050
2000
1950
1900
DISTANCE (km)
10
20
30
40
50
60
70
80
90
NNW
SSE
TWT (S)
1.0
3.0
5.0

Abb. 4.15 Cornwallis Island vor dem Nordausgang der Bransfield-Straße, ein jungtertiärer Granodioritstock in der Verlängerung der Grabenzone. Seine Intrusion und rasche Hebung sprechen für die große rezente Aktivität des Bransfield-Grabensystems als Back-arc basin hinter dem kontinentalen Inselbogen der Süd-Shetland-Inseln.

4.4 Transform faults

Wir haben die Zentralspalten der Mittelozeanischen Rücken als Orte der Lithosphären-Bildung kennengelernt und die Subduktionszonen als Orte der Lithosphären-Umarbeitung und -Vernichtung. Eine dritte Art der Plattengrenzen ist materialneutral. Es sind senkrecht auf die Erdoberfläche stehende, auf den ersten Blick wie Blattverschiebungen aussehende Verwerfungszonen, die die mittelozeanischen Rücken in oft schmale Lamellen zerteilen, außerhalb davon langsam ausklingen und nur selten in Kontinente eindringen; sie werden **Transform faults** genannt.

Wie Abb. 4.16 zeigt, gehen an diesen Flächen stetig Verschiebungen vor sich, solange ein ozeanischer Rücken als Sea-floor spreading-Zentrum aktiv ist. Man darf sich diese Bewegungen allerdings nicht so vorstellen, als ob ein zunächst gerade verlaufender Rücken nachträglich wie von Blattverschiebungen versetzt würde. Vielmehr geht das Aufreißen einer mittelozeanischen Spalte von vornherein mannigfach versetzt vor sich. Man beachte die Pfeilrichtungen in Abb. 4.16! Man kann zu größeren Transform fault-Systemen gemeinsam Rotationspole konstruieren, ein Zeichen dafür, daß sie mit der Kinematik der Plattenbewegung zusammenhängen.

Die Relativbewegungen an einer Transform fault entstehen dadurch, daß zu ihren Seiten Plattenstreifen entgegengesetzter Bewegungsrichtung aneinandergrenzen. Sie sind im Idealfall also nur zwischen den beiden durch die Störung verbundenen Teilen der mittelozeanischen Spalte aktiv. Dies zeigt sich eindrucksvoll in der Verteilung der Erdbeben entlang eines ozeanischen Rückens (Abb. 4.17). Ge-

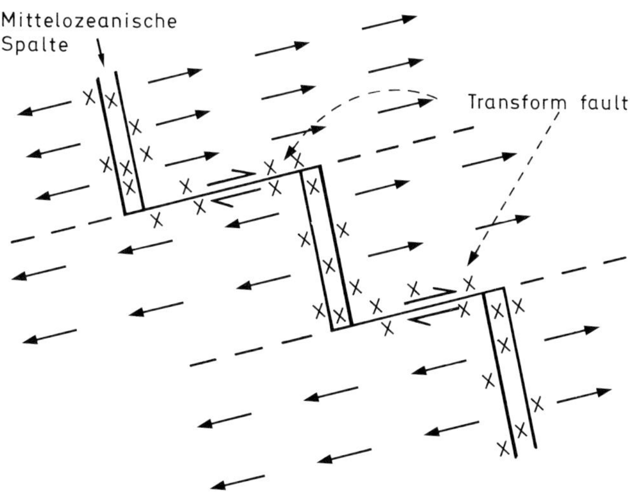

Abb. 4.16 Das Bewegungsschema an Transform faults als Ausdruck entgegengesetzt gerichteten Sea-floor spreadings zwischen versetzt angeordneten mittelozeanischen Spalten. Kreuzchen: Erdbebenherde (vgl. 4.17).

wisse Restbewegungen sind dennoch auch in der Fortsetzung der Transform faults nach beiden Seiten zu spüren, da die Produktionsraten an neuer Kruste in verschiedenen Segmenten durchaus nicht absolut gleich sind. Die Krustenneubildung ist auch nicht ein stetiger Vorgang, sondern wie eben vulkanische Ereignisse sind, episodisch. Die außerhalb der zentralen Spalten liegenden Fortsetzungen der Transform faults stellen ebenfalls Bruchzonen **(Fracture zones)** dar, schmale, nur teilweise mit Sediment gefüllte Spalten. Sie sind in ihrer Morphologie den eigentlichen Transform faults durchaus ähnlich (Abb. 4.12), denn diese morphologischen Kennzeichen der Transform faults werden im Laufe der Plattenbewegung über den jeweiligen Spaltenabschnitt hinaus transportiert.

Transform faults und ihre Fortsetzungen können sehr große Ausmaße annehmen. Sie tragen dann meistens Namen, wie etwa die „Romanche fracture zone" im Mittleren Atlantik oder die „Shackleton fracture zone" in der Drake-Straße. Ausnahmsweise nehmen die Transform faults weit größere Ausmaße an als die Sea-floor spreading-Zentren, denen sie zugeordnet sind. Ein besonders eindrucksvolles Beispiel ist das schmale Bündel von Transform faults, das, kurze Stücke ozeanischer Spalten verbindend, den Golf von Kalifornien bildet und sich in die „San-Andreas-Verwerfung" fortsetzt, ein typischer Fall von kontinentaler Transform fault. **Pull-apart basins** entstehen, wenn die Erdkruste zwischen zwei Transform faults versetzt aufreißt (Abb. 4.18). Sie sind zur Aufnahme von Sedimenten aus allen Richtungen prädestiniert, sofern das Klima entsprechenden Sedimenttransport zuläßt.

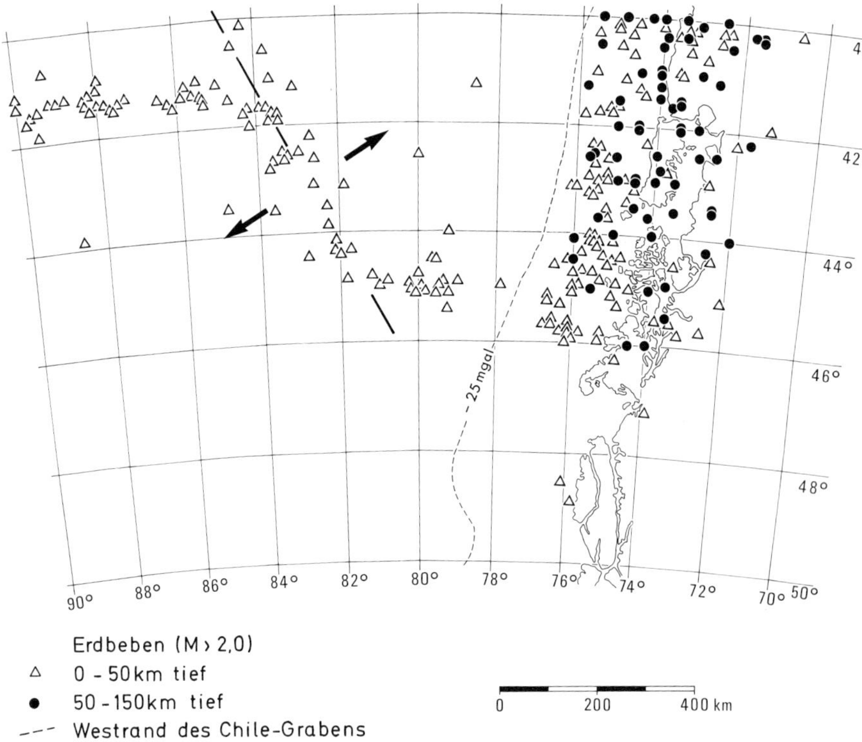

Abb. 4.17 Das Anbinden des Chile-Rückens an den südamerikanischen Kontinent bei 45° südl. Br. Die Breitenkreis-parallelen Erdbebenzonen folgen Transform faults, die diagonal aufgereihten sind an den letzten Abschnitt der Zentralspalte des Rückens gebunden. Am Kontinentrand ist zu erkennen, daß nur dort auch mitteltiefe Beben vorhanden sind. Es wird ferner deutlich, daß zur Zeit kaum Relativbewegungen zwischen Antarktis-Platte (links unten) und Amerika-Platte vor sich gehen. Nördlich des Chile-Rückens setzen die Erdbeben abrupt ein (vgl. auch Abb. 4.19). (Aus Miller 1982, Abb. 13.3, ergänzt).

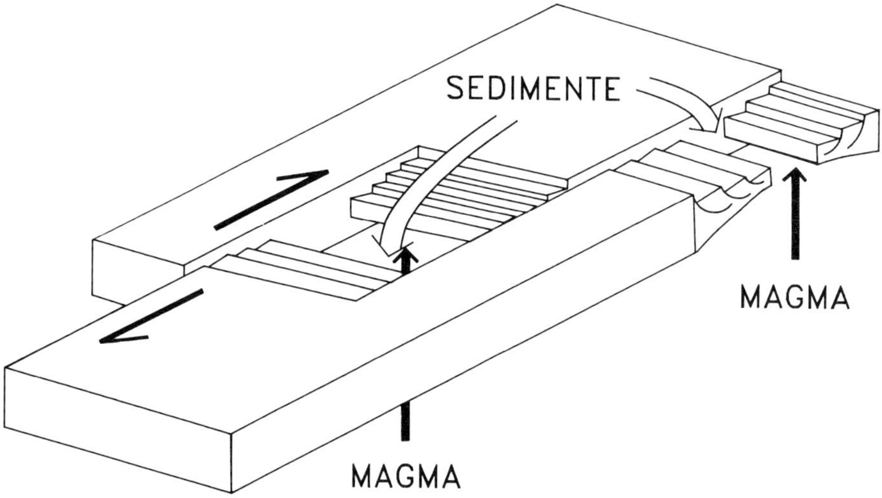

Abb. 4.18 Entstehung eines Pull-apart basins, wenn in schmalen kontinentalen Spalten im Entstehen befindliche ozeanische Kruste zwischen Transform faults von übermäßig viel Sedimenten zugeschüttet wird. (Aus Einsele 1986, Fig. 1)

4.5 Triple junctions

Die Lithosphären-Platten werden also von drei Arten von Strukturen begrenzt: Ozeanischen Rücken, Subduktionszonen und Transform faults. Zwei Platten grenzen jeweils an einer dieser Strukturen aneinander, in den Ozeanen meist an der im vorigen Kapitel beschriebenen Kombination von ozeanischen Spalten und Transform faults.

Grenzen drei Platten aneinander, so treffen sich auch drei Plattengrenzen an einer Stelle. Ein solcher Punkt wird **Triple junction** genannt und oft mit einem Namen belegt. Triple junctions bestehen in vielen Fällen aus drei ozeanischen Spalten, beispielsweise im Südatlantik (Afrika-/Amerika-/Antarktis-Platte) oder im Ostpazifik (Pazifik-/Nazca-/Antarktis-Platte; vgl. Abb. 4.1; 4.19). Es kann aber auch ein ozeanischer Rücken mit zwei Subduktionszonen unterschiedlicher Aktivität zusammentreffen, etwa an der „Chonos triple junction", wo der Chile-Rücken bei 45 °C südl. Br. an die nördlich davon aktive, südlich davon zur Zeit kaum aktive Subduktionszone an der Westgrenze der Amerika-Platte grenzt (Abb. 4.17, 4.19).

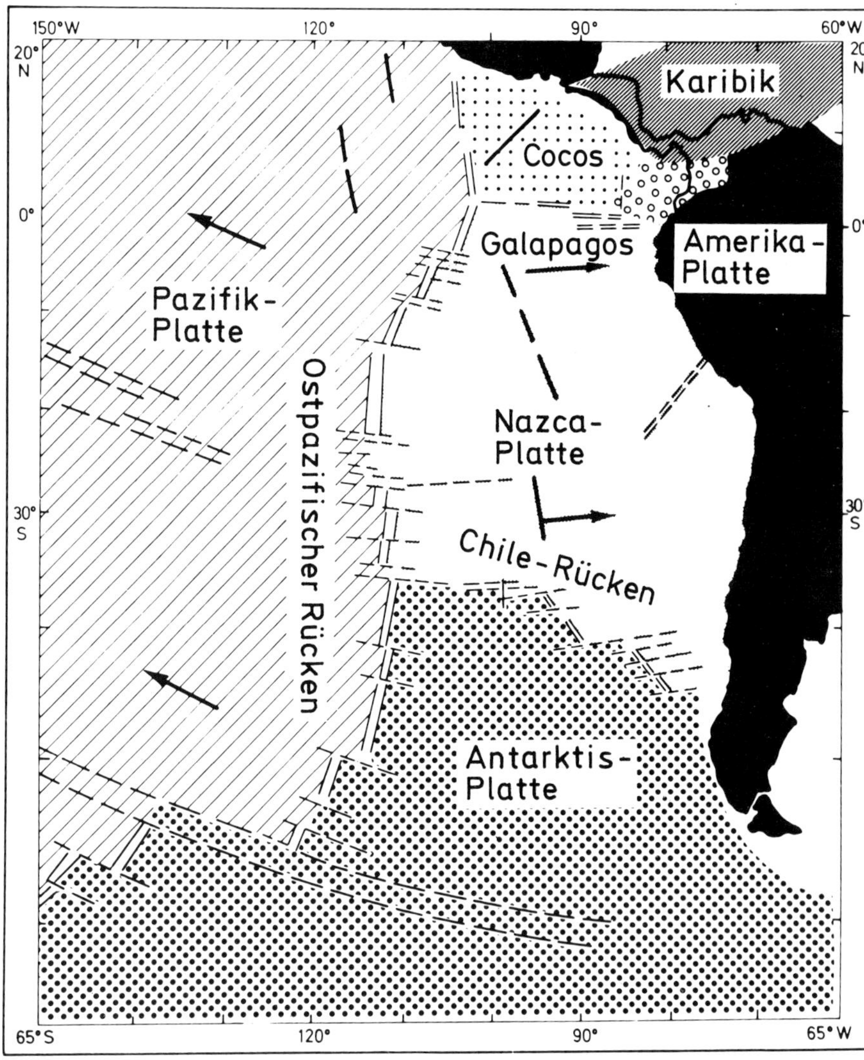

Abb. 4.19 Beispiele für Triple junctions: Verzweigungen des Ostpazifischen Rückens in den Chile-Rücken und den Galapagos-Rücken. Anstoßen des Chile-Rückens an die Amerika-Platte (vgl. Abb. 4.17). (Aus ZEIL 1986, Abb. 27).

4.6 Das Plattenmosaik der Erde

Zu Beginn der plattentektonischen Definitionen wurden meist sieben größere Lithosphärenplatten unterschieden, die durch auffällige ozeanische Rücken und Subduktionszonen voneinander abgegrenzt sind. Die fortschreitende Erkenntnis insbesondere der paläomagnetischen Strukturen der Ozeane und der Bedeutung der Transform faults führte im Laufe der Zeit zur Definition zahlreicher mittlerer und kleinerer Platten **(Microplates)**. Auch innerhalb der Kontinente stellte man fest, daß sie oft aus mehreren Platten zusammengesetzt sind, die an heute inaktiven Linien (Suture zones) aneinander grenzen.

Auch ist längst klar, daß das heute in Bewegung befindliche Plattenmosaik nur die Zeit seit dem Jura widerspiegelt; frühere Epochen zeigten andere Plattengrenzen und ein selbst WEGENER wohl überraschendes verändertes Bild von der Verteilung der Kontinente und Ozeane. Manche Kontinente scheinen vor allem randlich aus vielen Mosaiksteinchen unterschiedlichen Baues und unterschiedlicher Herkunft zusammengesetzt zu sein (Exotic terranes). Der Besprechung dieser Erscheinung wird ein eigenes Kapital (7.3) gewidmet sein.

Hier sollen zunächst nur die großen heutigen Platten kurz geschildert werden (vgl. hierzu Abb. 4.1); anschließend wird ein knapper Rückblick auf die Zeit vor der weltweiten Neu-Einstellung der Plattenbewegungen gegeben, die ab der Kreidezeit durch den Zerfall Gondwanas das Bild der Erdoberfläche so nachdrücklich veränderte.

4.6.1 Die Amerika-Platte

Die **Amerika-Platte** umfaßt Nord-, Mittel- und Südamerika sowie den gesamten Westteil des Atlantischen Ozeans vom Mittelatlantischen Rücken bis zum passiven Kontinentrand an der Ostküste Amerikas. Während der Ostrand der Platte, der Mittelatlantische Rücken, recht einheitlich gebaut ist, setzt sich der Süd- und Westrand aus vielen, sehr unterschiedlichen Segmenten zusammen.

Der Südrand beginnt bei der Triple junction des Südatlantiks mit einem aktiven Rücken, der aber östlich der Süd-Sandwich-Inseln endet. Hier setzt eine lange Transform fault ein, die die kontinentale Kruste des Falkland- (Malvinas-)Plateaus im Norden von der hier im einzelnen sehr kompliziert gebauten Antarktisplatte trennt (näheres siehe Kap. 4.6.3). Die Grenze Amerika/Antarktis-Platte zieht sich in einem verschütteten und wenig aktiven Tiefseegraben von der Westküste Patagoniens nach Norden, wo bei etwa 45° südl. Br. der aktive Chile-Rücken an das Festland stößt und die Antarktisplatte von der Nazcaplatte trennt. Von hier bis zum Golf von Kalifornien wird Amerika von einer mehrfach gegliederten Subduktionszone begleitet. Dort wird sie vom ostpazifischen Rücken schräggeschnitten, der sich seinerseits nach Norden zu immer mehr in Transform faults auflöst, die schließlich in die San-Andreas-Verwerfung übergehen. Niederkalifornien und der Küstenstreifen Südkaliforniens gehören also plattentektonisch zur Pazifik-Platte, stellen in ihr aber ein „exotisches" Element dar. Weiter nördlich tritt die erdbebenreiche Verwerfung wieder in den Ozean und in Kontakt mit Stücken mittelozeanischer Rücken. Das System von Sea-floor spreading-Zentren und Fracture zones vor der Küste Nordkaliforniens ist ein klassisches Gebiet plattentektonischer Forschung. Im Norden reicht die Amerika-Platte im Nordpolarmeer bis über den Nordpol hinaus.

4.6.2 Die Afrika-Platte

Die **Afrika-Platte** hat seit langer Zeit nach drei Seiten mittelozeanische Rücken als Ränder; komplizierte Grenzen zeigt sie nur gegen Norden. Dort geht sie an einem seit dem Jungproterozoikum aktiven und schwierig zu entwirrenden Bündel von Kleinplatten und Subduktionszonen in den europäischen Kontinent über; wir werden die Grenze Afrika/Europa später näher betrachten.

Nach Westen reicht die Afrika-Platte über den passiven Kontinentalrand hinaus bis zum Mittelatlantischen Rücken, nach Süden grenzt sie an den Zirkumantarktischen Rücken und nach Osten an den Carlsberg-Rücken. Dieser zieht südlich von Arabien in den Golf von Aden hinein, wo er sich nach Norden in das Rote Meer, nach Süden über die Afar-Senke in das System der Ostafrikanischen Gräben verzweigt.

Die Afrika-Platte zeigt also das Paradoxon, daß sie an drei Seiten von Dehnungsstrukturen umgeben ist und noch dazu im Innern Spaltungstendenz hat. Für dieses Verhalten gibt es drei Erklärungsversuche: Entweder die Afrika umgebenden mittelozeanischen Rücken wandern selbst von Afrika weg, oder die gesamte Oberflächenvergrößerung wird durch die Nordbewegung Afrikas kompensiert, oder die Erde als Ganzes vergrößert Volumen und Oberfläche. Dies wäre zwar im Sinne der Expansionstheorie, die aber wiederum von der überwiegenden Mehrheit der Geotektoniker kompromißlos abgelehnt wird.

4.6.3 Die Antarktis-Platte

Die **Antarktis-Platte** besteht aus einem kontinentalen Kern, der allseits von ozeanischer Kruste umgeben ist. Die Grenze wird fast überall durch aktive ozeanische Rücken gebildet; auch hier stellt sich die Frage: Wanderung der Sea-floor spreading-Zentren oder Expansion der Erde? — Nur an einem ganz schmalen Streifen am Nordende der Westantarktis, außerhalb der Süd-Shetland-Inseln, wird gegenwärtig lokal ozeanische Lithosphäre der Antarktis-Platte unter festländische Lithosphäre subduziert (Abb. 4.11—4.15). Die Grenze zur Amerika-Platte ist kompliziert gebaut; die Scotia Sea mit dem Scotia Arc (früher in der deutschsprachigen Literatur meist „Südantillen-Bogen" genannt) zwischen Antarktis und Südamerika bildet ein kompliziertes Mikroplatten-Mosaik mehrerer kleiner, jeweils kurzlebiger Platten. Beim Vorgang der Abtrennung der Antarktis von Südamerika, als der Gondwana-Kontinent sich auflöste, dürfte die Shackleton Fracture Zone, die NW-SE streichende Bruchzone nördlich der Süd-Shetland-Inseln, eine Rolle gespielt haben. Sie trennt heute die Süd-Shetland-Subduktionszone und die auf der Südost-Seite der Süd-Shetland-Inseln gerade entstehende ozeanische Spalte der Bransfield-Straße von der Scotia Sea ab.

Ähnlich wie Afrika durch das ostafrikanische Grabensystem, so wird auch Antarktika durch eine komplex gebaute Bruchzone in zwei Teile geteilt. Diese mehrfach gegliederte Senke ist geophysikalisch unter der Weddell-See und der Ross-See eindeutig festzustellen und hier auch durch junge Vulkane belegt, den Mount

Melbourne und den Mount Erebus. Unter der Eisbedeckung der Westantarktis ist der Grabenbruch als mehr als 1000 m unter den Meeresspiegel reichende Senke dokumentiert.

4.6.4 Die Australische Platte

Die **Australische Platte** ist komplizierter zusammengesetzt und mit komplizierteren Grenzen versehen als die beiden eben beschriebenen. Ihr gehören heute der größere Teil des Indischen Ozeans, ein Stück Südpolarmeer, die kontinentalen Gebiete Australiens mit Tasmanien, ein Teil von Neuseeland sowie „Gondwana"-Indien, also dessen präkambrischer Schild samt Sri Lanka an.

Im Süden ist die Platte durch den Indisch-antarktischen Rücken gegen die Antarktis-Platte abgegrenzt. Nebenbei bemerkt, ein gutes Bild von den Plattendimensionen um den Südpol herum gewinnt man nur beim Betrachten eines Globus, möglichst eines solchen, der nicht an einer Drehachse aufgehängt ist, sondern lose in die Hand genommen werden kann (Rollglobus). Die üblichen erdumspannenden Kartenentwürfe sind für die Betrachtung der Polarregionen wenig geeignet.

Im Westen ist die heutige Plattengrenze am Carlsberg-Rücken zu sehen. Bei 90° östl. L. wird die Platte von einer riesigen, genau Nord-Süd verlaufenden Bruchzone durchzogen, der „Ninety East Fracture Zone". Sie kann als Spur der asienwärts gerichteten Drift von Gondwana-Indien gedeutet werden.

Während also im Süden und Westen die Australische Platte von ozeanischen Rücken und Krustenneubildung begrenzt wird, ist sie im Norden und Osten von Subduktionszonen umgeben. Sie werden durch die Gebirge und Erdbebenzonen Südasiens sowie die Inselbögen Südostasiens dokumentiert. Wir werden die Kollisionsgeschichte der eurasischen Platte dort besprechen. Die Grenze der Australischen Platte zur Pazifik-Platte setzt sich aus mehreren Inselbögen mit entsprechenden Randbecken und Subduktionszonen zusammen. Die BENIOFF-Zonen reichen im allgemeinen bis 700 km tief. Die Doppelinsel Neuseeland ist nur ein kleiner aufgetauchter Teil eines unregelmäßig geformten Teilkontinentes. Sie ist an der schräg beide Inseln durchziehenden aktiven Alpine fault tektonisch zweigeteilt.

4.6.5 Die Pazifik-Platte

Im Gegensatz zu allen bisher betrachteten Lithosphärenplatten besteht die **Pazifik-Platte** ausschließlich aus ozeanischer Kruste, wenn man den schmalen Streifen kalifornischer Küste im Osten nicht rechnet. Im Osten ist, abgesehen vom Transform fault-System des Golfs von Kalifornien und der San-Andreas-Verwerfung, stets der ostpazifische Rücken die Grenze gegen die Amerika-Platte und die noch zu besprechende Nazca-Platte, im Südosten der Pazifisch-antarktische Rücken, im Südwesten, Westen und Nordwesten das vielfältige Muster von Subduktionszonen an den Inselbögen Südost- und Ostasiens.

Eine besondere Eigenheit zeichnet die Pazifikplatte aus: Alle anderen besprochenen Platten haben ihren ozeanischen Anteil im wesentlichen durch die Aufspaltung Gondwanas seit der Kreide neu gewonnen; vorher existierten Atlantischer, Indischer und Südpolar-Ozean nicht, zumindest nicht mit ozeanischer Kruste. Die Pazifische Platte stammt in etwa dem heutigen Zustand nahekommender Form, wenn auch in größerer Ausdehnung, mindestens aus der Trias; sie geht wahrscheinlich in ähnlichen Umrissen bis ins Kambrium zurück.

Das bedeutet natürlich nicht, daß ihre Gesteine so alt wären; sie wurden in den mehr oder minder kontinuierlich wirkenden Subduktionszonen beiderseits des Pazifiks immer wieder abgebaut. Die Größe des Ozeans und die asymmetrische Lage des Ostpazifischen Rückens bewirken, daß dennoch die älteste überhaupt auf der Erde vorhandene ozeanische Kruste im Nordwest-Pazifik liegt; sie ist unterjurassisch. Ältere Gesteine ozeanischer Kruste finden sich sonst allenfalls in frühzeitig obduzierten Spänen an alten Suturzonen, aber nicht in aktiven Ozeanen.

Das hohe Alter und die kontinuierliche, wenn auch nicht stetige Bewegung dieser Platte beziehungsweise einiger zu mancher Zeit vorhandener Teilplatten bewirken, daß auf den Seiten des Pazifischen Ozeans lange Zeit, eben seit dem Beginn des Phanerozoikums, ähnliche, durch Subduktionszyklen bestimmte geotektonische Zustände herrschten – ein Grund für den eher einfachen Bau der südamerikanischen Kordilleren, Antarktikas und Australiens. In Südostasien wurde diese Entwicklung durch die komplizierten Akkretions- und Kollisionsvorgänge des Tethys-Ozeans mannigfach gestört.

4.6.6 Die Nazca-Platte

Diese kleine, aber mit etwa 10 cm/a sehr schnelle Platte ist ebenfalls rein ozeanisch. Sie liegt westlich der zentralen Anden, unter die sie subduziert wird, und ist auf den übrigen drei Seiten von aktiven ozeanischen Rücken begrenzt: dem Chile-Rücken im Süden, dem ostpazifischen Rücken im Westen und dem Galápagos-Rücken im Norden. Sie ist die kleinste der üblicherweise aufgezählten Großplatten und kann wohl als zeitlich limitierte Teilplatte der Pazifik-Platte aufgefaßt werden.

4.6.7 Die Eurasia-Platte

Die Eurasia-Platte, oder eurasische Platte, ist die komplizierteste von allen. Nicht nur grenzt sie heute an ihrem langen Süd- und Ostrand mit vielerlei Kollisions-Strukturen an mehrere andere Platten, sie hat auch eine vielfältige plattentektonische Geschichte hinter sich, die bis ins Kambrium verfolgt werden kann und auch im Präkambrium ähnlich verwickelt gewesen sein mag. Sie hat den größten Anteil an kontinentaler Kruste; nur im Nordatlantik und im Nördlichen Eismeer ist ein größerer Streifen ozeanischer Kruste beteiligt.

Ihr Südrand wird von einer Anzahl aus Süden herangedrifteter Kleinkontinente, von Inselbögen und Randmeeren aufgebaut, die oft weitgehend subduziert oder in Decken gestapelt wurden. Während die Tektonik der Anden von der seit dem Kambrium mehr oder weniger kontinuierlich auf- und abschwellenden Subduktion am Rande der Pazifischen Platten geprägt wurde, wurde der Bau des Südrandes Eurasiens von der Wechselwirkung zwischen dem nach Osten keilförmig offenen Tethys-Ozean (s. Abb. 4.27) mit der Norddrift kleinerer und größerer Südkontinente bestimmt.

Der seit dem Kambrium zwischen Gondwana im Süden und Laurasia im Norden bestehende Tethys-Ozean wurde im Känozoikum endgültig geschlossen. Über seine ehemalige Struktur wissen wir kaum etwas. Die Südgrenze der eurasischen Platte anzugeben ist deshalb schwierig, weil zum Teil mehrfach hintereinander gestaffelte Subduktionszonen vorliegen, die zu verschiedenen Zeiten aktiv waren, aber letztlich alle den Anspruch erheben können, die Plattengrenze zu sein.

Die Plattengrenze wird stark durch die Kollisionsfronten mit von Süden kommenden kontinentalen Plattenteilen bestimmt. Südlich von Europa ist dies die Afrika-Platte, kleine Mikroplatten wie Sardinien und eine sogenannte Adria-Platte mit einklemmend. Nach Osten zu folgt die Iran-Platte, deren ursprüngliche Heimat heute am Nordrand von Gondwana gesehen wird. Der Halbinselteil Indiens mit Sri Lanka war schon von WEGENER als Abkömmling des großen Südkontinentes gesehen worden; er hat von allen Gondwana-Teilen den größten relativen Weg zurückgelegt. Auch Teile Chinas werden von vielen Autoren als Fremdkörper angesehen.

Die Südgrenze der eurasischen Platte ist also in der Suturlinie zwischen dem ursprünglichen Kontinent und den hinzugedrifteten neuen Teilen zu suchen, das heißt, in den Gebirgen, die ihre Entstehung dem Zusammenstoß mit diesen Kleinplatten verdanken. Der komplizierten Entstehungsweise solcher Gebirge werden wir ein eigenes Kapitel widmen. Die Plattengrenze verläuft jedenfalls grob gezeichnet entlang der Gebirgskette Alpen-Balkan-Anatolien-Iraniden-Himalaya. Doch mag sie im Paläozoikum sogar in Nordbayern gelegen haben. Ein Zweck der Kontinentalen Tiefbohrung in der Oberpfalz ist es unter anderem, die Sutur zwischen einem solchen Paläo-Afrika und Paläo-Europa zu suchen.

Großregionalen Blattverschiebungen als Ausgleichsbewegungen wird an dieser Grenze ebenfalls eine große Rolle zugesprochen.

Im Osten grenzt die Eurasia-Platte entlang der weitgeschwungenen Inselbögen Ostasiens an die Pazifik-Platte.

4.6.8 Kleinere Lithosphären-Platten

Im heutigen Plattenmosaik existieren außer den üblicherweise aufgelisteten 7 Großplatten (4.6.1–4.6.7) noch einige kleinere, mehr oder weniger deutlich von den großen abgegrenzte, lokale Einheiten.

Die **Arabische Platte** zum Beispiel besitzt ihre Selbständigkeit nur auf Grund ihrer Abspaltung von Afrika längs des Roten Meeres. Gegen das Mittelmeer ist

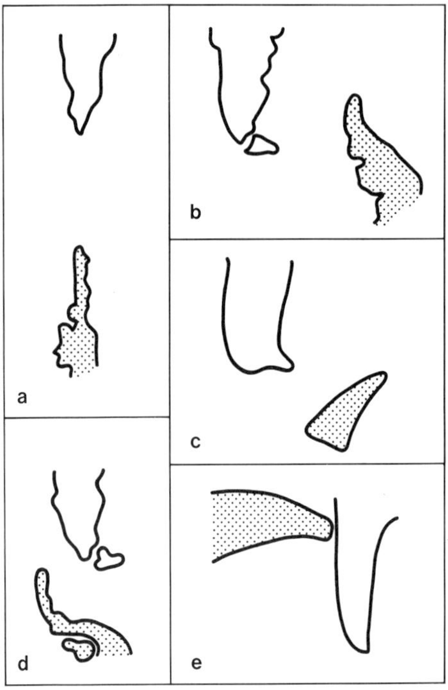

Abb. 4.20a–e Fünf ausgewählte Beispiele aus der Literatur über die Versuche, die Lage der Antarktischen Halbinsel zur Südspitze Südamerikas vor dem Auseinanderbrechen Gondwanas zu klären. **a** nach Dalziel & Elliot (1971); **b** nach Craddock (1975); **c** nach Dalziel (1982); **d** nach Quilty (1982); **e** nach Barker & Griffiths (1977). Die Position d wird heute allgemein als die wahrscheinlichste angesehen. (Aus Miller 1983, Abb. 3).

sie durch die Transform fault des Jordan-Grabens abgegrenzt, gegen die Eurasische Platte ist die Grenze nicht recht deutlich; sie liegt auf der Linie der großen Kollisionsstruktur am Südrand von Eurasia.

Die **Kokos-Platte** ist ein kleines Gebilde westlich von Mittelamerika, im Süden vom Galápagos-Rücken, im Westen vom Ostpazifischen Rücken begrenzt. Nach Nordosten taucht sie an einer ausgeprägten Subduktionszone unter den mittelamerikanischen Vulkangürtel ab.

Karibik- und **Drake-Platte** sind sich in vieler Hinsicht ähnlich. Beide sind großten teils von Inseln umgrenzt, die dennoch nur an der schmalen Ostseite einen eigentlichen Inselbogen über einer Subduktionszone bilden. Auf den langen Längsseiten im Süden und Norden der Platten sind Transform faults wesentlich an ihrer Abgrenzung von den benachbarten Großplatten beteiligt. Beide Platten sind recht jung. Sie behindern erheblich die Rekonstruktionsversuche früherer Beziehungen zwischen Nord- und Südamerika beziehungsweise zwischen Südamerika und Westantarktis (Abb. 4.20). Die Karibikplatte grenzt im Westen an der dort beschriebenen Subduktionszone an die Kokosplatte, die Drake-Platte wird im Westen von einer ausgeprägten Transform fault, der Shackleton fracture zone, gegen die Antarktis-Platte abgegrenzt. Die Beziehungen der Drake-Platte nach Süden zum Weddell-Meer sind noch recht unklar.

Die **Philippinen-Platte** schließlich ist rhombenförmig auf allen Seiten von Subduktionszonen begrenzt, nach Osten gegen die Pazifikplatte, nach Westen gegen das hier sehr kompliziert gebaute Eurasia.

4.7 Ältere Plattenkonfigurationen

Für ALFRED WEGENER war die permokarbone Pangäa-Paläogeographie Ausgangspunkt der Betrachtung. Nach der Entdeckung der Bedeutung des Paläomagnetismus der Gesteine und der Subduktionszonen für die Entstehung der Orogene war es eine Selbstverständlichkeit, daß der Versuch gemacht wurde, die ältere Erdgeschichte ebenfalls im Licht der Plattentektonik zu sehen.

Die Rekonstruktion der Öffnung der Ozeane auf dem Wege über die paläomagnetische Streifung ist freilich für Zeiten vor dem Jura nicht zu gebrauchen, da kein heutiger Ozeanboden älter ist als etwa 200 Millionen Jahre. Dies kann nur auf zwei Ursachen zurückgehen: Entweder gab es früher keine ozeanische Kruste, oder sie ist auf dem Wege der Subduktion jeweils abgebaut worden. Obduzierte Ozeanreste, Orogene mit allen Anzeichen der Entstehung an Subduktionszonen sowie marine Sedimente großer Mächtigkeit an den Rändern von Pangäa sprechen, auch ohne das Prinzip des Aktualismus über die Maßen zu strapazieren, dafür, daß große Ozeane auch vor dem Jura existierten und vom plattentektonischen Geschehen betroffen waren.

Die Lithosphärenplatten in ihrer derzeitigen Zusammensetzung, Position und Bewegung sind grob gesehen eine Momentaufnahme in der allgemeinen Tendenz zur Auflösung des Gondwana-Kontinentes und — allgemeiner gesehen — von ganz Pangäa (Abb. 4.21, 4.22). Diese Zersplitterung begann im Jura, steigerte sich in der Kreide mit der Abspaltung Amerikas und steuerte mit der Trennung Australiens von Antarktika im Eozän ihre heutige Form an. Zwei größere Tendenzen sind dabei leicht zu erkennen: erstens die Verkleinerung des Pazifischen Ozeans zu Gunsten der Neubildungen, und zweitens das Verschwinden der Tethys und damit die Anschweißung „südlicher" Kontinente an Eurasien.

Wir wollen zunächst einige geologisch nachprüfbare Feststellungen zur Platten-Paläogeographie vor dem Jungpaläozoikum machen. Zu dieser Zeit lagen einer einheitlichen Gondwana-Platte im Süden möglicherweise zwei in sich weniger einheitliche Platten im Norden gegenüber: eine Laurasia-Platte westlich des Urals und eine ostasiatische Platte östlich davon. Inwieweit die häufig gezeigte, paläomagnetisch begründete, plötzlich zu Ende des Paläozoikums einsetzende relative Ostdrift Laurasias (Tethys twist) realistisch ist, muß noch eindeutiger bewiesen werden. Es wäre mit etwa 30—40 cm pro Jahr die schnellste bedannte Kontinentverschiebung. Man vergleiche hierzu die relative Lage von Nordamerika vor 240 und 200 Millionen Jahren (Abb. 4.23, 4.24).

Gondwana bestand in seiner bekannten Form wahrscheinlich seit dem Kambrium. An seinem langen pazifischen Rand wechselten seit dieser Zeit, wohl auch schon im Vendium (oberstes Präkambrium) Perioden relativer Ruhe mit perioden kräftiger Subduktion pazifischer Kruste ab. Da entgegen der heutigen Situation ein wesentlicher Teil Gondwanas zum Pazifik hin entwässerte, wurden am Pazifikrand mächtige Sedimentserien abgelagert und als Akkretionskeile mehr oder weniger hoch metamorph dem Kontinent angeschweißt. Man kann die so entstehenden Orogene von Südamerika über die Antarktis nach Australien verfolgen (Abb. 4.25). Diese Verbindung war schon DU TOIT, einem der wenigen Verfech-

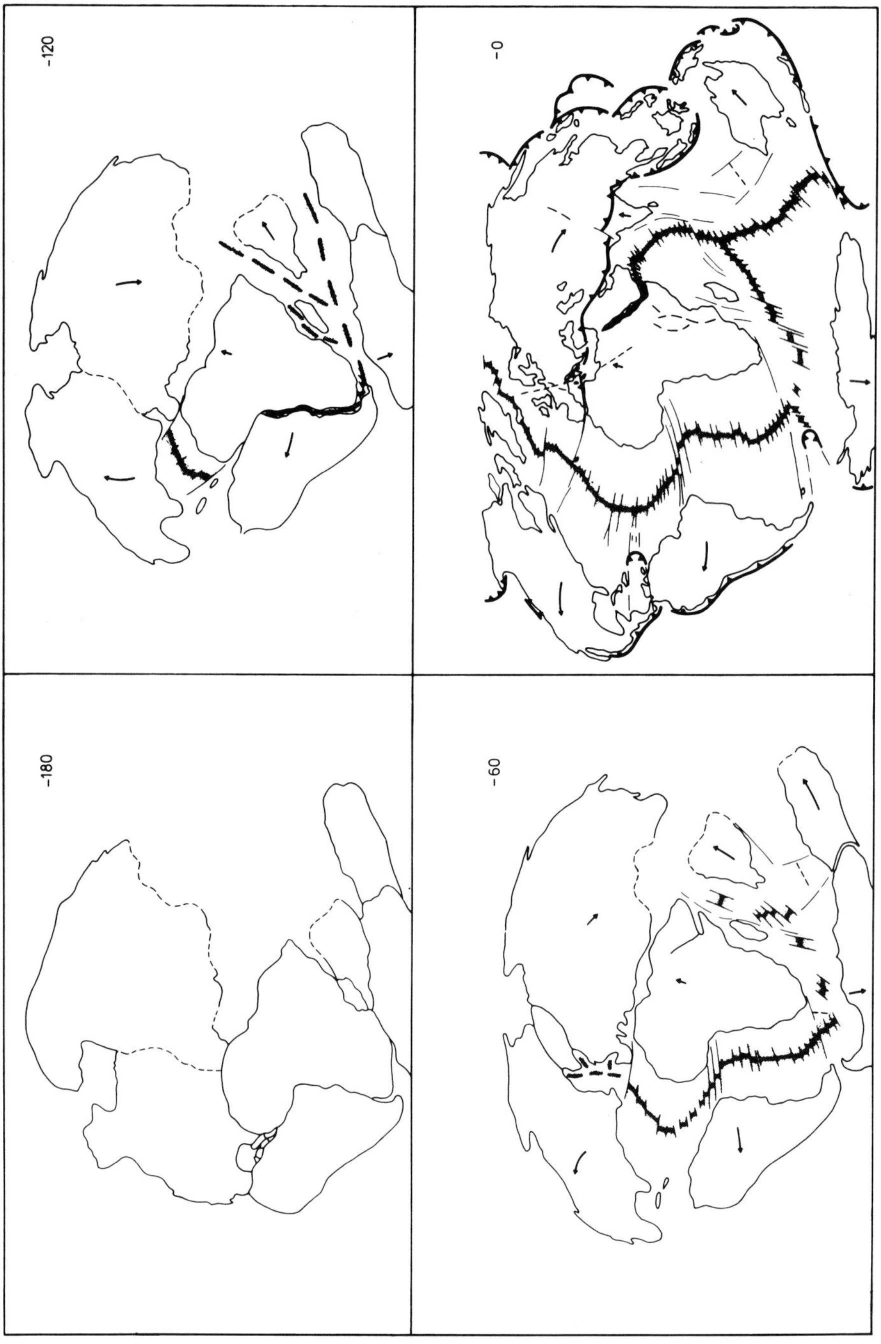

-120
-0
-180
-60

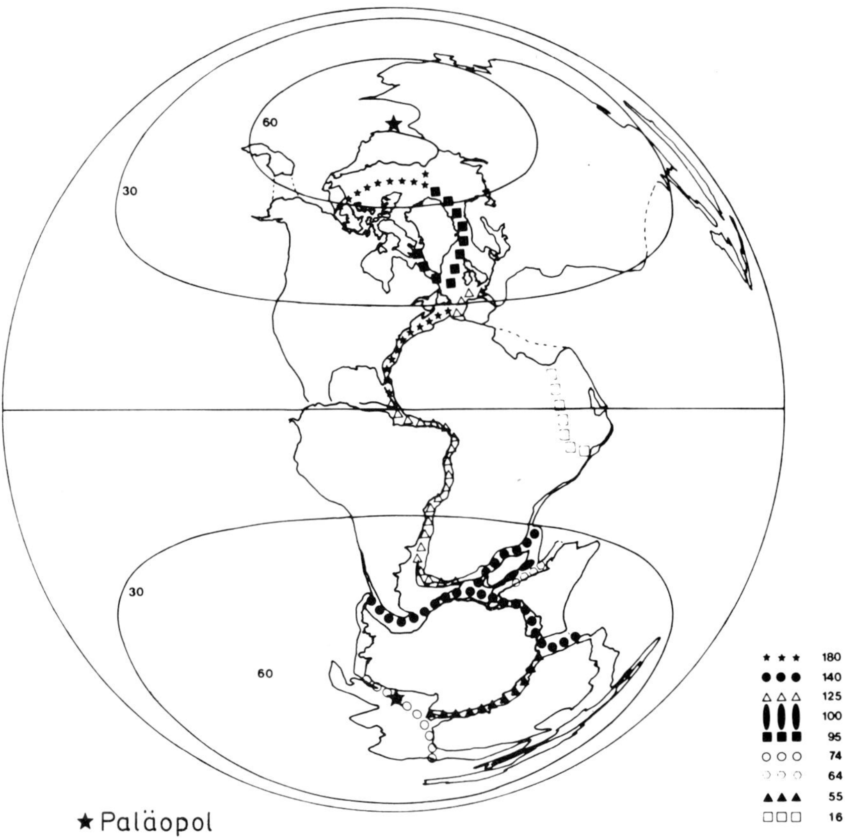

Abb. 4.22 Die Aufspaltung von Gondwana fand an unterschiedlichen Stellen zu verschiedenen Zeiten statt. Auffällig ist an dieser Darstellung die Umrahmung des Antarktischen Kontinents von Sea-floor spreading-Zentren auf allen Seiten, ausgeprägter noch als im Falle Afrikas. (Aus Hay et al. 1981, Fig. 6).

◄

Abb. 4.21 Ein vereinfachtes Bild der Zerstörung des „Pangäa"-Kontinentes seit der Kreidezeit. Die weitgehend von Dehnungszonen geprägte Lage Afrikas wird besonders deutlich. (Aus Bischoff 1985).

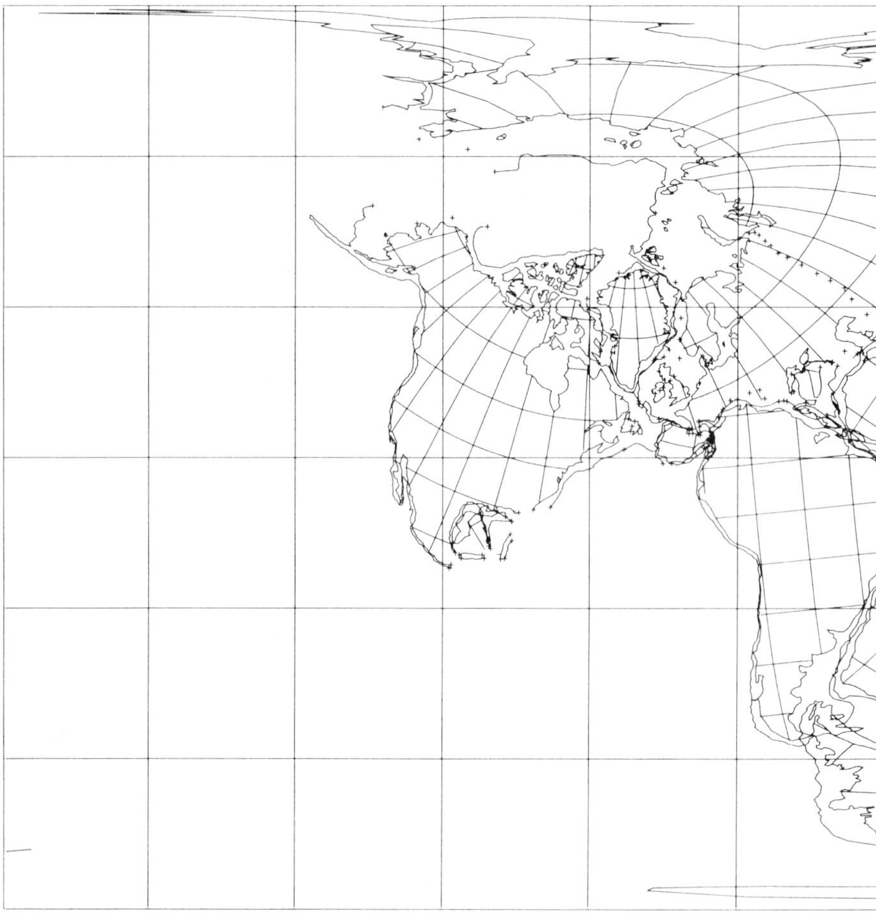

Abb. 4.23 Die Lage Nordamerika/Südamerika im Oberperm, im wesentlichen nach paläomagnetischen Daten. Man beachte die Lage Europas nördlich von Südamerika, wobei Nordamerika mehrere 1000 km gegen Südamerika verschoben ist. (Aus SMITH et al. 1982, Karte 53).

ter der Kontinentaldrift-Theorie WEGENERS, bekannt gewesen; er folgerte daraus seine „Samfrau-Geosynklinale" (vgl. S. 7).

Der Paläopazifische Ozean bestand, wie heute, auch im Paläozoikum nicht aus einer einzigen Platte, sondern aus mehreren, deren Grenzen und Bewegungsrichtungen sich gelegentlich änderten. Dies läßt sich aus den Schwankungen in der orogenen Aktivität und im Wechsel der Faltenrichtungen am Westrand Gondwanas erschließen (s.o.). Aus jüngerer Zeit sind solche Änderungen von Kleinplatten-Grenzen im Ostpazifik durch „fossile" paläomagnetische Streifenmuster belegt; die inaktiv gewordene Farallon-Platte ist ein Beispiel dafür (Abb. 4.26).

Die Geschichte des Tethysrandes von Gondwana ist viel schwieriger zu beschreiben, da eben dieser Rand weitgehend mit der Tethys selbst in Richtung

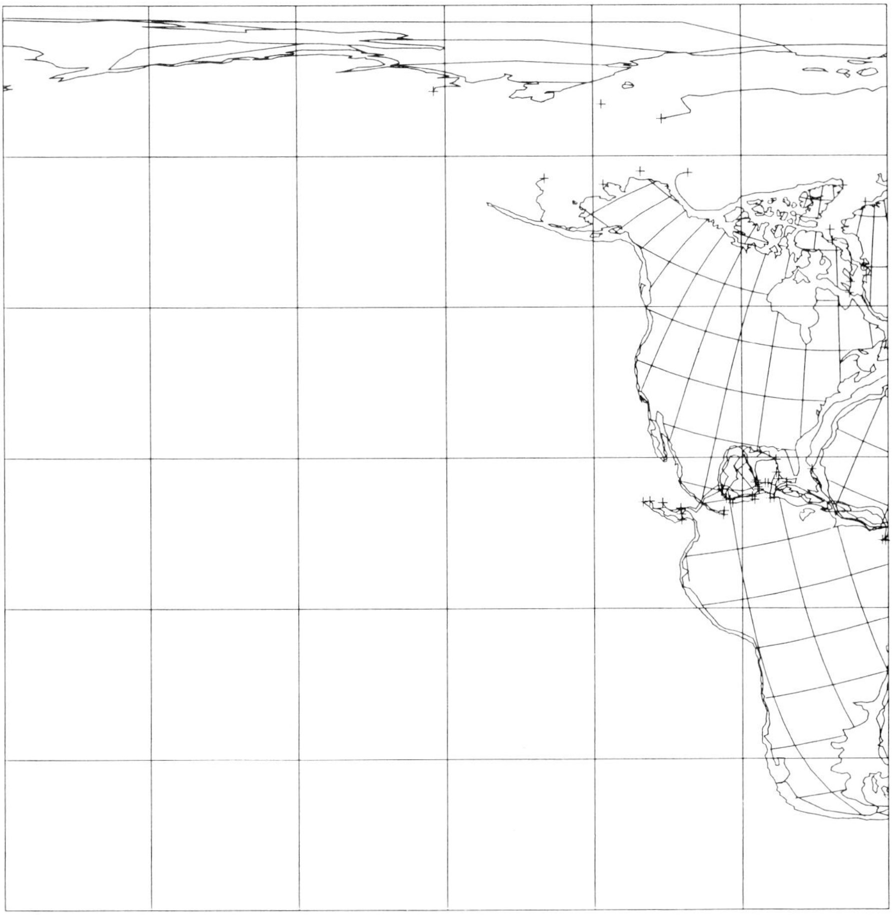

Abb. 4.24 Die Lage des heutigen Nordamerika/Südamerika in der Mitteltrias, nach paläomagnetischen Daten, nur 20 Millionen Jahre nach der Situation von Abb. 4.23. (Aus SMITH et al. 1982, Karte 49).

Eurasien gewandert und mit Eurasien verschmolzen ist (Abb. 4.27, 4.28). Dieser Prozeß hat schon im Paläozoikum begonnen, wenn auch keine Einigkeit über die Grenzen der nördlichen Randzonen des Südkontinentes besteht.

In Europa, das uns am meisten interessiert, könnte Paläo-Afrika in diesem Sinne bis zur deckenförmig überprägten Suturzone von Moldanubikum und Saxothuringikum in Nordostbayern, Böhmen und Thüringen reichen, wenn ihr eine entsprechend große Bedeutung beigemessen wird.

Gondwana bestand in seiner permokarbonen Form wahrscheinlich erst seit Anfang des Phanerozoikums, als ein Ozean unbekannter Ausdehnung durch verzweigte Orogene am Ostrand Brasiliens (Küstenketten von Rio de Janeiro) und am Südwestrand von Afrika (Damara-Orogen) geschlossen wurde. Ein ähnlicher

Paläo-Atlantik zerlegte den Nordkontinent Laurasia zwischen Nordamerika (einschließlich Grönland) und Nordwest-Europa im Altpaläozoikum. Er führt den Namen Iapetus. Seine Subduktion nach Europa zu hat zur Entstehung des kaledonischen Gebirges in Nordirland, Schottland und vor allem Norwegen geführt. Das jenseitige Ufer ist in einem kleinen Rest von Gneisen des kanadischen Schildes an der Nordwest-Spitze von Schottland erhalten.

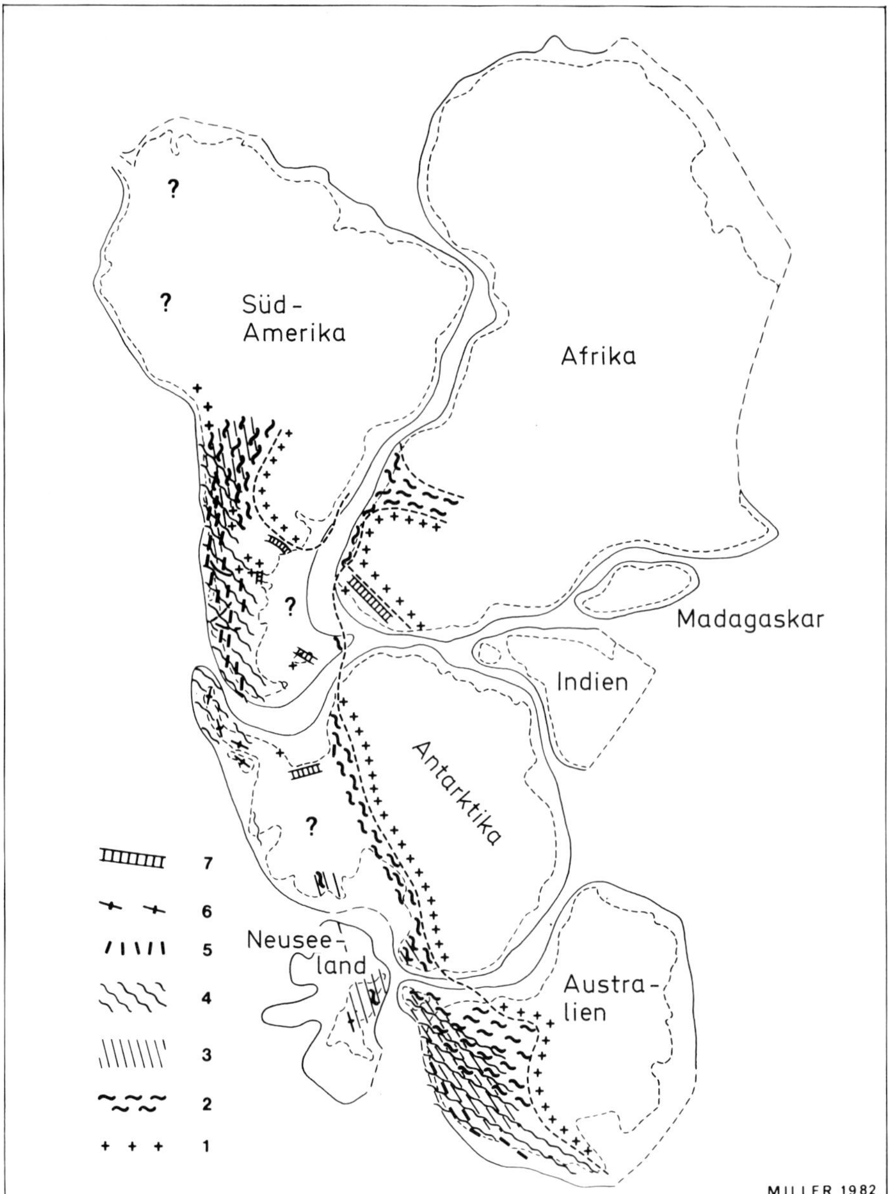

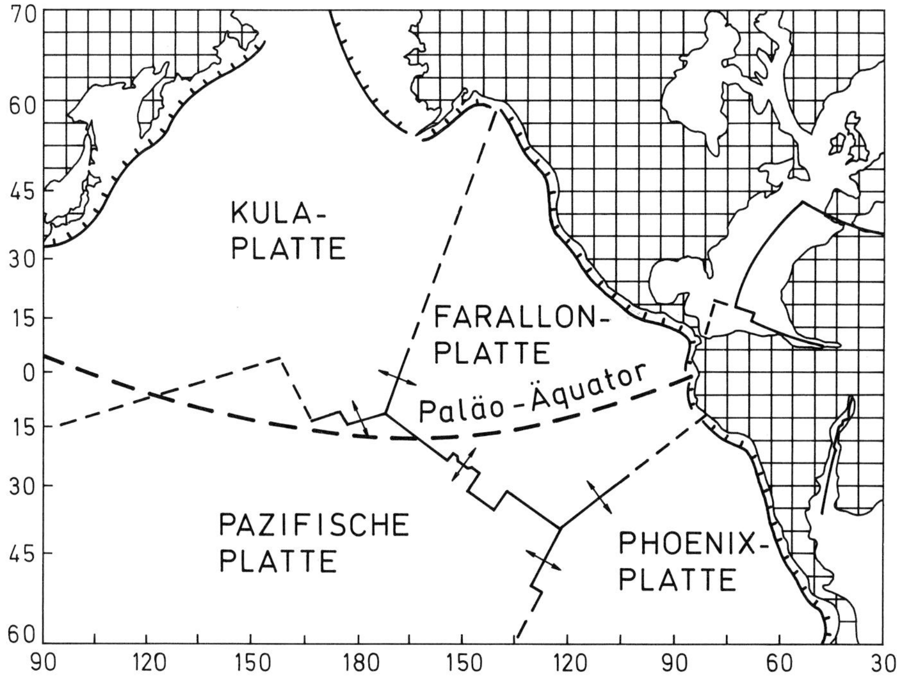

Abb. 4.26 Das Plattenmosaik des Pazifischen Ozeans in der Unterkreide. Gezähnte Linie: vermutete Subduktionszonen. Nach LARSON & PITMAN (1972, Fig. 7), verändert.

◀

Abb. 4.25 Die fortschreitende Akkretion und Konsolidierung des „pazifischen" Westrandes von Gondwana seit dem Altpaläozoikum. Wahrscheinlich lag die Ostantarktis weiter gegen Osten versetzt und die Antarktische Halbinsel etwas südlicher als auf dieser Darstellung. Die bei generell Kontinentrand-parallelem Streichen der Gebirge im einzelnen schwankenden Richtungen gehen vermutlich auf ein wechselndes Plattenmosaik im Pazifik zurück. Es ist für das Paläozoikum freilich nur durch die Gebirgsstreichen belegt; die paläozoischen Ozeane sind längst subduziert.
1 = Präkambrium; 2 = Mittelkambrische bis frühordovizische Orogenesen; 3 = Silurische bis devonische Orogenesen; 4 = Karbonische Orogenesen; 5 = Spätpermische bis frühtriassische (gondwanidische) Orogenesen; 6 = Spättriassische bis frühjurassische Orogenesen; 7 = Aulakogene. (Aus MILLER 1983, Abb. 4).

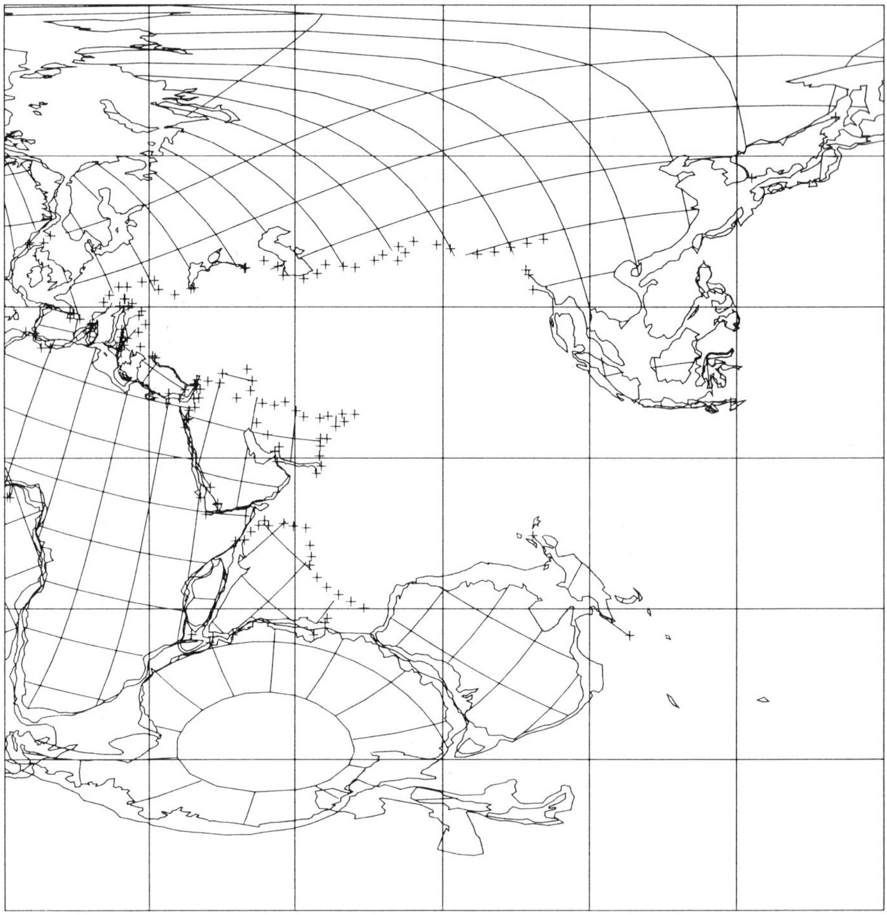

Abb. 4.27 In der Bildmitte: die Tethys, das große Meer zwischen Gondwana und dem eurasischen Kontinent in der oberen Trias, vor dem Zerbrechen Gondwanas. (Aus SMITH et al. 1982, Karte 47).

Es ist bemerkenswert, daß der heutige Atlantik ziemlich genau dort aufriß, wo er schon einmal aktiver ozeanischer Rücken gewesen war. Dies wird uns bei der Frage nach dem Antriebsmechanismus der Plattenbewegung nochmals beschäftigen.

Diese kleine Auswahl von Platten und plattentektonischen Vorgängen aus der Zeit vor dem derzeitigen Bewegungsbild der Lithosphäre weist auf die universale Anwendbarkeit der Theorie hin. Es scheint nichts im Wege zu stehen, das Gegenspiel von Sea-floor spreading und Subduktion, von Neubildung und Abtauchen ozeanischer Kruste und von Gebirgsbildung in allen mobilen Zonen der Erde und auch im Präkambrium als maßgebliches geotektonisches Agens zu betrachten.

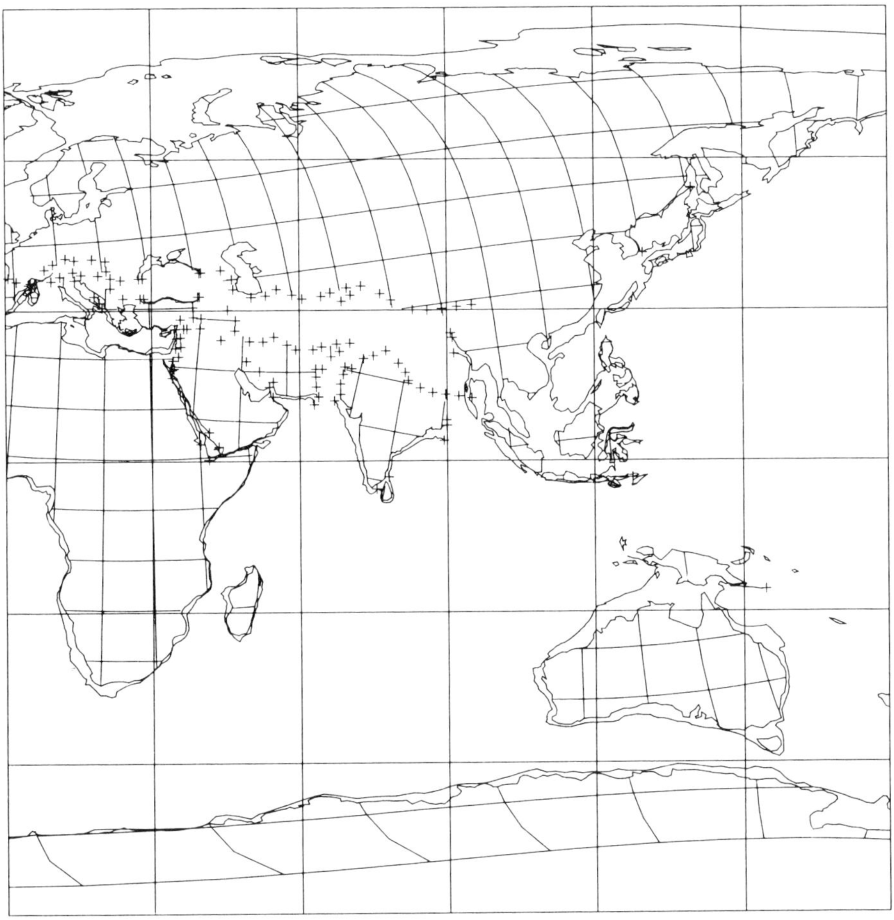

Abb. 4.28 Im Alttertiär wurde die Tethys durch die nordwärtsdrängenden Teilstücke Gondwanas schon fast geschlossen. An ihrer Stelle entstand der Indische Ozean. Australien beginnt sich gerade von Antarktika zu lösen. (SMITH et al. 1982, Karte 14).

Das Prinzip des Aktualismus einmal umgekehrt gelesen: gleiche Wirkung – gleiche Ursachen, sollte in dieser Hinsicht Geltung haben. Die Abgrenzung von einzelnen Platten in einem kompletten Puzzle der Erdoberfläche wird aber immer schwieriger, je weiter wir in die Vergangenheit gehen.

Die kontinentale Paläomagnetik versucht, bis mindestens an das Ende des Präkambriums zurück, ein vollständiges Bild wenigstens der Kontinent/Ozean-Verteilung zu geben. Es überrascht mit seinen ungewohnten Konstellationen. Drei Bilder fallen besonders auf: die weite seitliche Entfernung Nordamerikas von Südamerika noch im Perm (Abb. 4.23), die völlige Trennung Nord- und Südeuropas im Altpaläozoikum durch den Rheischen Ozean (Abb. 4.29) und noch mehr

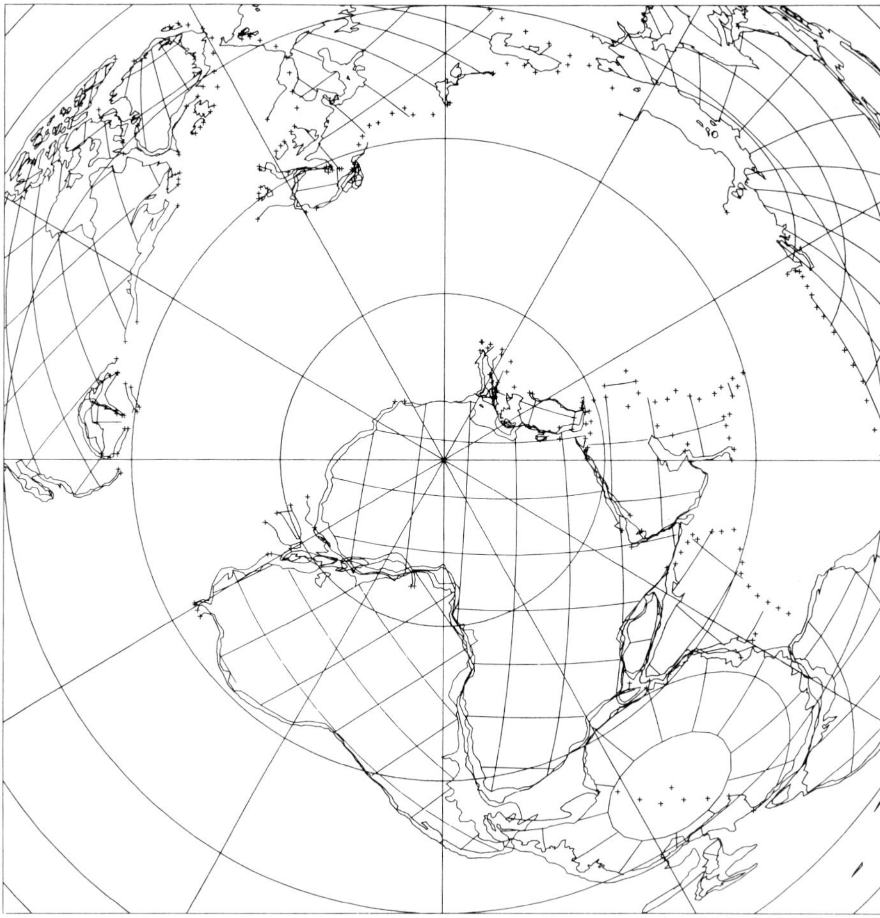

Abb. 4.29 Im Altpaläozoikum waren die Kontinente der „Nordhalbkugel" durch einen breiten Ozean von Gondwana getrennt. Das Grundgebirge Italiens, des Balkans und der Türkei gehörte zu Gondwana. (Aus SMITH et al. 1982, Karte 88).

die Lage aller Kontinente in einem schmalen Streifen um den Äquator im Präkambrium (Abb. 4.30). Diese Darstellung geht darauf zurück, daß die meisten jungpräkambrischen paläomagnetischen Daten flache Inklinationen aufweisen. Es sollte also demnach in hohen Breiten keine Kontinente gegeben haben. Hier wird die Anwendbarkeit des Paläomagnetismus der Gesteine ernstlich überprüft werden müssen, gibt es doch sichere Anzeichen für eine jungpräkambrische Eiszeit in vielen Kontinenten und zahlreiche strukturelle Hinweise auf alte Zusammenhänge in Gondwana, die die Aufreihung seiner Teile am Äquator schwer zulassen. Sollte zu jener Zeit das Magnetfeld der Erde anders strukturiert gewesen sein als heute?

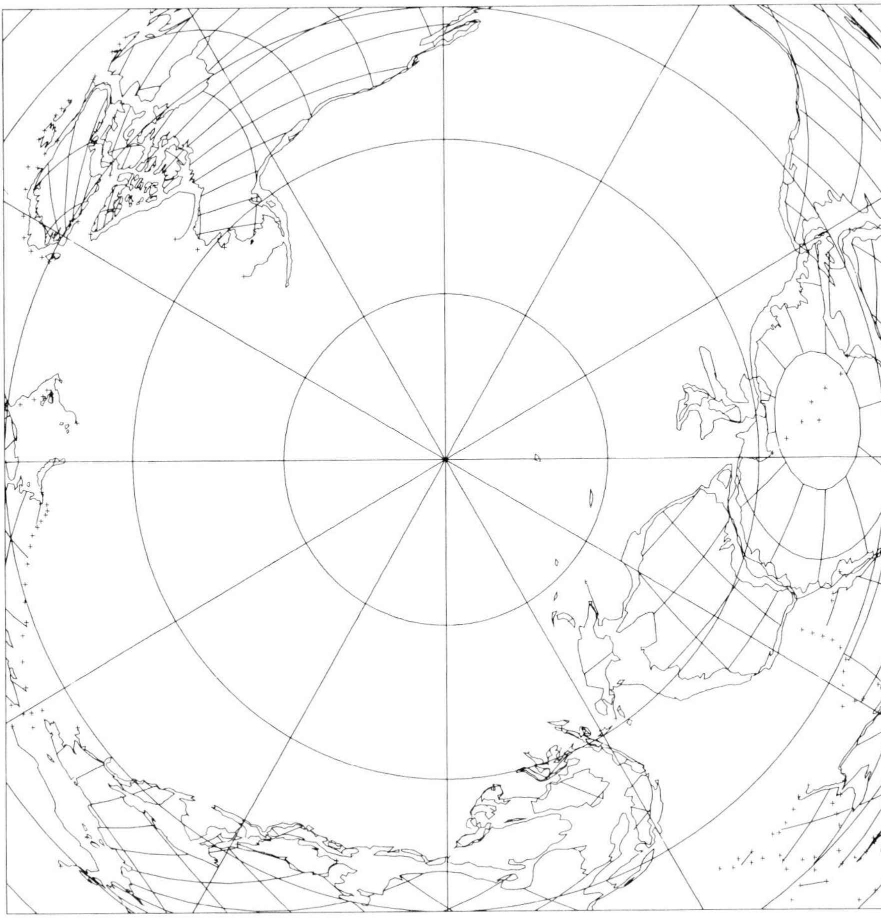

Abb. 4.30 Im Unterkambrium (und ausgehenden Präkambrium) scheinen nach dieser Darstellung alle Kontinente weitgehend um den Äquator herum verteilt gewesen zu sein. Die Existenz ausgedehnter Vereisungen im jüngsten Präkambrium müßte dann anders erklärt werden als durch Eiskappen auf oder in der Nähe von polaren Kontinenten. (Aus SMITH et al. 1982, Karte 87).

Weiterführende Schriften

CONDIE, K.C. (1989): Plate tectonics and crustal evolution, 3. Aufl. – 476 S.; Oxford (Pergamon).

COX, A. (ed.) (1973): Plate tectonics and geomagnetic reversals. – 702 S.; San Francisco (Freeman).

COX, A. & HART, R.B. (1986): Plate tectonics: how it works. – 392 S.; Oxford (Blackwell).

ISACKS, B., OLIVER, J. & SYKES, L.R. (1968): Seismology and the New Global Tectonics. – J. Geophys. Res., **73:** 5855–5899; Richmond, Virg.

LE PICHON, X. (1968): Sea-floor spreading and continental drift. – J. Geophys. Res., **73:** 3661–3697; Richmond, Virg.

5 Magmatismus und Geochemie

5.1 Einführung

Im Zusammenhang mit Vorgängen der Plattentektonik entstehen viele magmatische Gesteine: Vulkanite (Ergußgesteine) und Plutonite (Tiefengesteine). So sind die aktiven ozeanischen Rücken an der Oberfläche geprägt von vulkanischen Gesteinen, meist Basalten. In den Inselbögen, das heißt, über Subduktionszonen, sind Vulkanite und Plutonite mit ihrer vielfältigen chemischen Zusammensetzung die wichtigsten Gesteine. In den Orogenen als den Produkten der Subduktion und Kollision sind Granite und andere saure bis intermediäre Plutonite häufig, auch Vulkanite kommen vor. Dazu treten zahlreiche Vulkane inmitten der ozeanischen Platten, teils auch in kontinentalen Plattenteilen, so daß letztlich die meisten magmatischen Gesteine in irgendeiner Weise mit Plattentektonik zu tun haben.

Die Bindung magmatischer Gesteine an bestimmte geotektonische Provinzen ist altbekannt. Man unterschied schon lange eine Kalkalkali-Reihe (z.B. Normalgranite, Diorite, Andesite) von einer Alkali-Reihe (z.B. Alkaligranite, Syenite, Trachyte). Man wußte (ohne rechte Gründe dafür zu kennen), daß Gesteine der Kalkalkali-Reihe sich um den Pazifischen Ozean herum häufen, und nannte sie deshalb auch „pazifisch“, während die auf den Kontinenten in der Umgebung des Atlantiks bevorzugt auftretenden Gesteine der Alkali-Reihe als „atlantisch“ bezeichnet wurden. Man hatte ferner – nicht immer zu Recht – erkannt, daß die Vulkane am Rande des Pazifischen Ozeans überwiegend aus Andesiten bestehen und definierte ihr Vorkommen als „Andesit-Linie“.

Hans Stille hatte außerdem eine zeitliche Gliederung der magmatischen Tätigkeit im orogenen Zyklus definiert. Er unterschied die Folge (unten: alt, oben: jung):

Finaler Magmatismus	vulkanisch, basisch
Subsequenter Magmatismus	vulkanisch und plutonisch, basisch bis sauer
Synorogener Magmatismus	plutonisch, sauer
Initialer Magmatismus	vulkanisch, basisch

Wir sind heute in der Lage, diese Gliederung auch genetisch zu verstehen. Dabei lautet die erste Frage: Woher stammt das betreffende Magma? Basische (d.h. SiO_2-arme) Magmen, also im wesentlichen Basalte, entstammen fast stets dem obersten Erdmantel, der entsprechende Zusammensetzung hat. Saure (d.h. SiO_2-reiche) Magmen, also im wesentlichen Granite bzw. Rhyolithe, entstammen nur zu einem geringen Teil dem Erdmantel, bevorzugt aber der Erdkruste.

Eine Gesteinsschmelze, ein Magma, kann, ohne ein weiteres Schicksal zu erleiden, als solches in höhere Krustenteile oder bis zur Erdoberfläche aufsteigen. Entstammt es dem Erdmantel, nennt man es juvenil, entstammt es der Aufschmelzung älterer Teile der Erdkruste, nennt man es anatektisch. Das Magma kann aber auch zunächst einmal differenzieren, indem Minerale hohen Schmelzpunktes nach ihrer frühzeitigen Bildung gravitativ absinken und eine an den Elementen der abgetrennten Minerale verarmte, an den übrigen Elementen angereicherte Schmelze hinterlassen. Auf diese Weise können aus der basaltischen Schmelze des lithosphärischen Mantels einerseits ultrabasische Gesteine (Peridotite, Pyroxenite), andererseits intermediäre (Andesite, Diorite), ja in seltenen Fällen und begrenzten Mengen sogar Granite entstehen. Außerdem besteht die Möglichkeit, daß eine Schmelze während ihres Aufstiegs in der Erdkruste Fremdmaterial in sich aufnimmt und einschmilzt. So können „hybride" Magmen entstehen, die Anteile von Mantelschmelze und Krustenmaterial in sich vereinigen.

Wir stellen uns nun die Frage, ob gleiche plattentektonische Vorgänge auch gleiche Gesteins-Chemismen erzeugen bzw. ob die Unterschiede im Chemismus so groß und so gut definierbar sind, daß aus der Gesteinszusammensetzung die plattentektonische Situation des Entstehungsortes der Schmelze erkennbar ist.

Die chemische Gesteinsanalyse, die **Geochemie**, unterscheidet Haupt- und Nebenelemente eines Gesteins, die in der Regel in Gewichtsprozenten ihrer Oxide angegeben werden, sowie Spurenelemente, deren Gehalt in ppm (parts per million, oder: g pro t), angegeben wird. Die Spurenelement-Geochemie hat seit einigen Jahrzehnten sehr an Bedeutung für die Bestimmung der Herkunft eines Magmas gewonnen, insbesondere auch die der seltenen Erden. Dies liegt daran, daß bei der Differenzierung von Magmen gewisse Spurenelemente bevorzugt in die früh auskristallisierenden Minerale eingebaut und damit der Restschmelze entzogen werden, die dadurch an diesen Elementen verarmt. Andere Elemente werden in der Restschmelze angereichert und gelangen somit in die Erdkruste. Auf diese Weise reicherte sich die Kruste im Laufe der Erdgeschichte mit gewissen Elementen an, so daß letztlich Gesteine langer Krustengeschichte von solchen unterschieden werden können, die erst vor kurzer Zeit den Erdmantel verlassen haben.

In der Praxis werden für die Beurteilung der Zusammensetzung eines Gesteins weniger die Analysentabellen verwendet als vielmehr graphische Darstellungen, sogenannte Korrelationsdiagramme. Darin werden in rechtwinkligen Koordinaten (Abb. 5.1) oder in Dreiecksdiagrammen (Abb. 5.2) zwei oder mehr Elemente, oft auch Quotienten zweier oder mehrerer Elemente eingetragen. Auf diese Weise ergeben sich Gruppen von Analysenpunkten, die sich Gesteinen einheitlicher Genese oder Geschichte zuordnen lassen. Besonderen Wert gewinnen solche Darstellungen für metamorphe Gesteine, deren geotektonischer Bildungsraum im Sinne plattentektonischer Vorstellungen oft nur über die chemische Analyse und ihre Zuordnung in Korrelationsdiagrammen erschlossen werden kann.

In manchen Fällen, insbesondere bei der graphischen Darstellung des Gehalts an Elementen der sog. seltenen Erden, werden nicht die Elemente als solche dargestellt, sondern ihr Verhältnis zu einem Normwert, im Vergleich zu dem der Gehalt am betreffenden Element angereichert oder verarmt ist. Am meisten gebraucht wird bei vulkanischen Gesteinen die Normierung zum Chemismus von Chondriten, also Meteoriten, von denen man annimmt, sie seien am besten mit einer Art undifferenzierter Ur-Mantelmaterie vergleichbar (Abb. 5.3). Auch

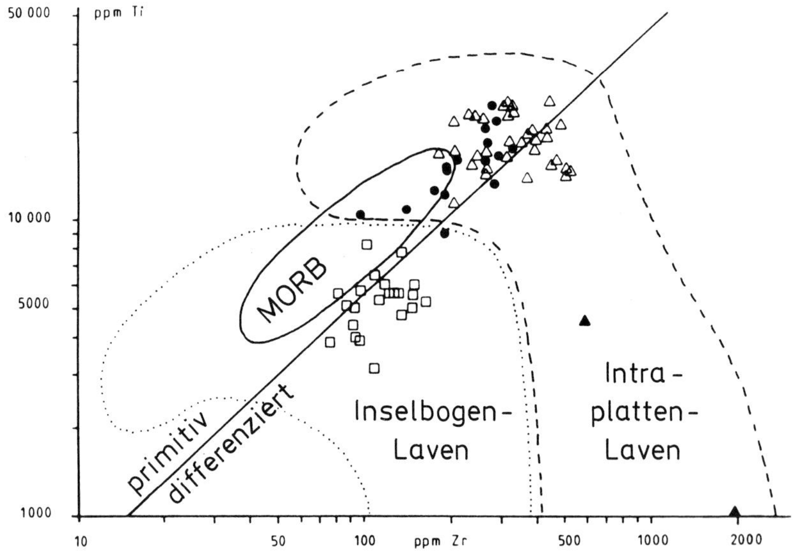

Abb. 5.1 Ti/Zr-Diagramm nach PEARCE zur Zuordnung metamorpher vulkanischer Serien der östlichen Ostalpen zu plattentektonisch definierten Entstehungsräumen. Dreiecke: Eisenhutschiefer-Serie; Punkte: Kaser-Serie; Quadrate: Nock-Serie. Die Unterscheidungsmöglichkeit ist offenkundig. Titan und Zirkonium sind als immobile Elemente besonders geeignet, über Ereignisse der Metamorphose hinweg charakteristische Verhältnisse zu bewahren. (Aus LOESCHKE 1989, Fig. 5).

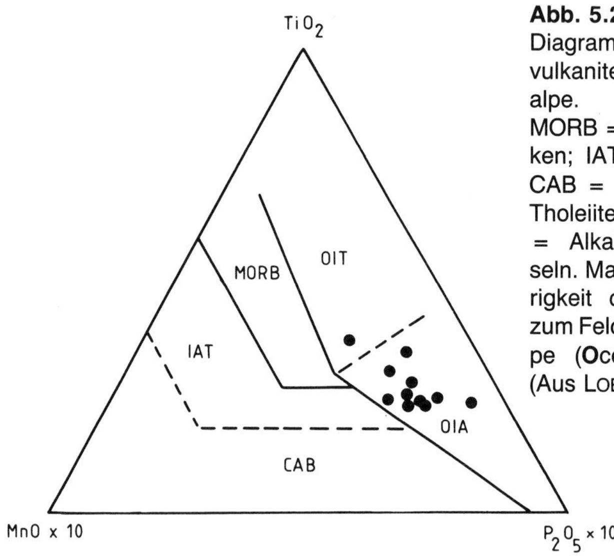

Abb. 5.2 TiO_2-MnOx10-P_2O_5x10-Diagramm nach MULLEN für Metavulkanite aus der südlichen Saualpe.
MORB = Basalte ozeanischer Rükken; IAT = Inselbogen-Tholeiite; CAB = Kalkalkali-Basalte; OIT = Tholeiite ozeanischer Inseln; OIA = Alkalibasalte ozeanischer Inseln. Man erkennt gut die Zugehörigkeit der untersuchten Einheit zum Feld der letztgenannten Gruppe (**O**cean **I**sland **A**lkalibasalt). (Aus LOESCHKE 1988, Abb. 7).

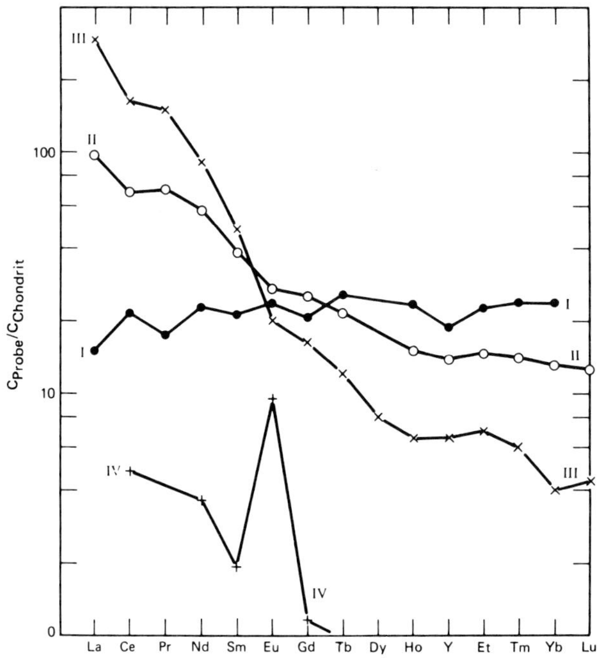

Abb. 5.3 Das Verhalten der Seltenerd-Elemente in verschiedenen geotektonischen Umgebungen, jeweils in Verhältnis gesetzt („normiert") zum Gehalt in chrondritischen Meteoriten, gedacht als eine Art Urzustand basaltischer Schmelzen. Auffällig ist das sehr unterschiedliche Anreicherungsverhalten der leichten und schweren seltenen Erden in den verschiedenen Bildungsräumen.
I: Basalte ozeanischer Rücken; II: Kontinentale Basalte; III: Granitstandard G-1; IV: Anorthosit. (Aus MASON & MOORE 1985, Abb. 5.16).

gegenüber dem Chemismus von Basalten mittelozeanischer Rücken wird manchmal normiert.

Eine besondere Rolle spielen dabei die Isotopenverhältnisse ein und desselben Elements. Bei stabilen Isotopen sind das vor allem die $^{16}O/^{18}O$-Verhältnisse, bei radiogenen Isotopen die $^{87}Sr/^{86}Sr$- und die $^{143}Nd/^{144}Nd$-Verhältnisse.

Als Beispiel sei die Bedeutung der $^{87}Sr/^{86}Sr$-Verhältnisse näher beschrieben: Je mehr ^{87}Rb als radioaktives Isotop im Kreislauf der Gesteine vorhanden ist, desto mehr radiogenes ^{87}Sr wird gebildet. Da Rubidium zusammen mit dem ihm verwandten Kalium mit granitischen Magmen bevorzugt in die Erdkruste geht, haben kontinentale Gesteine generell höhere Gehalte an radiogenem, durch den Zerfall des ^{87}Rb entstandenen ^{87}Sr und damit an ^{87}Sr überhaupt. Sie weisen dementsprechend höhere $^{87}Sr/^{86}Sr$-Verhältnisse auf (das Verhältnis von nicht radiogenem ^{87}Sr zum nie radiogenen ^{86}Sr ist grundsätzlich konstant). $^{87}Sr/^{86}Sr$-Verhältnisse von etwa 0,703 bis 0,705 weisen für jüngere Gesteine auf direkte Herkunft aus dem Mantel hin; höhere $^{87}Sr/^{86}Sr$-Verhältnisse können nur in „hybridem" oder schon lange Zeit in der Kruste befindlichem Material auftreten.

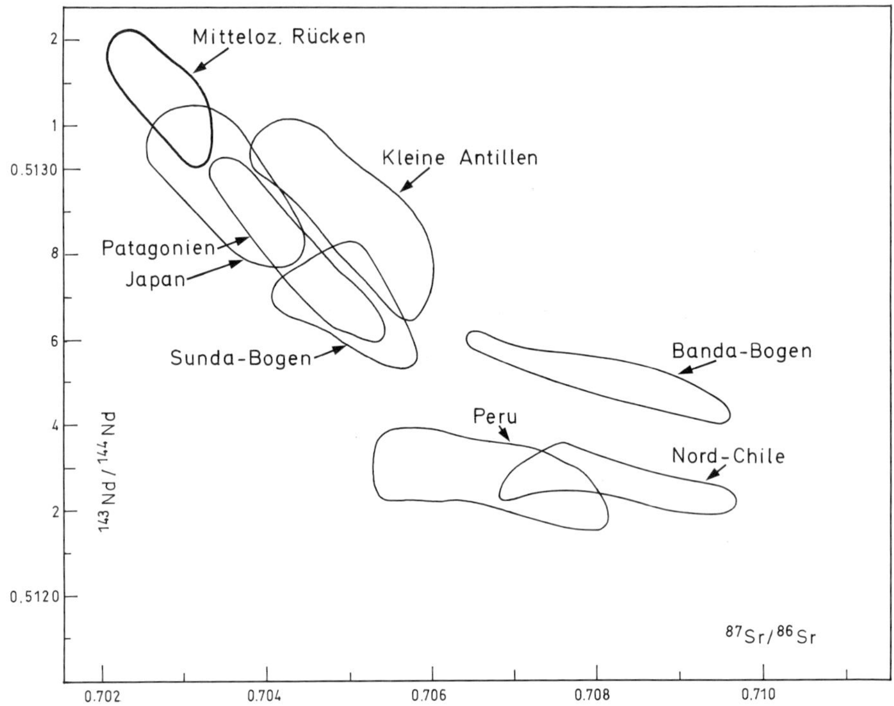

Abb. 5.4 Die $^{143}Nd/^{144}Nd$-$^{87}Sr/^{86}Sr$-Verhältnisse in Vulkaniten verschiedener Inselbögen und Kontinentränder. Zum Vergleich Durchschnittswerte aus Mittelozeanischen Rücken. Sowohl insgesamt wie innerhalb der einzelnen Regionen korrelieren die beiden Isotopenverhältnisse negativ. (Nach FAURE 1986, Fig. 13.6, vereinfacht, mit ausdrücklicher Genehmigung durch den Verlag).

Dies gilt in dieser einfachen Form nur für gerade erst gebildete Schmelzen beziehungsweise Gesteine; für ältere Gesteine muß das entsprechende „Strontium-Initialverhältnis“ $(^{87}Sr/^{86}Sr)_i$ aus mehreren Proben oder Mineralen unterschiedlichen $^{87}Rb/^{86}Sr$-Verhältnisses zurückgerechnet werden (Isochronen-Methode).

Anders und komplizierter geht die Entwicklung der $^{143}Nd/^{144}Nd$-Verhältnisse vor sich. $^{87}Sr/^{86}Sr$-Verhältnisse und $^{143}Nd/^{144}Nd$-Verhältnisse eines Gesteins stehen oft in negativer Korrelation zueinander (Abb. 5.4).

5.2. Die geochemische Charakterisierung von Vulkaniten

Im Rahmen plattentektonischer Vorgänge entstehen Vulkane an vielerlei Positionen. Der größere Teil hat basaltische bis andesitische Zusammensetzung, weswegen die meisten Diagramme auf die geotektonische Abgrenzung der Bildungsorte von basischen Magmen abzielen.

Wie üblich, haben sich dafür englische Begriffe eingebürgert, die meist in abgekürzter Form wiedergegeben werden (vgl. Abb. 5.2). Einige seien im folgenden aufgelistet:

MORB	Mid Ocean Ridge Basalt (Basalt Mittelozeanischer Rücken)
N-type	MORB: normaler MORB
P-type	MORB: plume enriched (siehe unter Mantle plume!)
WPB	Within Plate Basalt (Basalt mitten in einer Platte)
CAB	Calcalkaline Basalt (Kalkalkali-Basalt)
WPA	Within Plate Alkalibasalt (Alkalibasalt mitten in einer Lithosphären-Platte)
VAB	Volcanic Arc Basalt (Inselbogen-Basalt)
OFB	Ocean Floor Basalt (Ozeanboden-Basalt)
OIB	Ocean Island Basalt (Basalt ozeanischer Inseln)
CFB	Continental Flood Basalt (Kontinentaler Plateau-Basalt)
LKT	Low-K Tholeiite (Kaliumarmer Tholeiit)
IAT	Island Arc Tholeiite (Inselbogen-Tholeiit)
WPT	Within Plate Tholeiite (Tholeiit mitten in einer Lithosphären-Platte)

5.3 Die geochemische Charakterisierung von Intrusivgesteinen

Der weitaus größte Teil der in der oberen Erdkruste befindlichen und aufgeschlossenen Intrusivgesteine ist – im Gegensatz zu den Effusiva – intermediär bis sauer. Es hat sich eingebürgert, diese Gruppe heller, quarz- und feldspatreicher Gesteine verallgemeinernd als Granitoide zu bezeichnen. Abgesehen von der Einteilung in eine Alkali- und eine Kalkalkali-Reihe (diese ist bei weitem am häufigsten vertreten) unterscheidet man heute oft zwei Gruppen von Granitoiden: Solche vom I-Typ und solche vom S-Typ. „I" steht dabei für „igneous", „S" für „sedimentary". Damit ist gemeint, daß I-Typ-Granitoide unmittelbar aus Material stammen, das noch nie im exogenen Kreislauf war, während S-Typ-Granitoide durch Ultrametamorphose und Anatexis aus sedimentärem Material entstanden. Selten sind diese Extremtypen entwickelt, oft liegen Mischformen vor.

Wie bei den Basalten können plattentektonisch definierte Herkunftsorte unterschieden werden, allerdings weniger als bei jenen, z.B.:

VAG Volcanic Arc Granites
(Granite vulkanischer Inselbögen)
WPG Within Plate Granites
(Granite mitten in einer Lithosphären-Platte)
OFG Ocean Floor Granites
(Ozeanboden-Granite; sehr selten)
CTG Collision Tectonic Granites, oft auch **COLG** genannt
(Kollisions-Granite; häufig)

Für geochemische Vergleiche kann der Spurenelementgehalt von Graniten gegenüber einem hypothetischen (in der Natur nicht verwirklichten und kaum möglichen) „Granit ozeanischer Rücken" normiert werden, da der Vergleich mit den basischen Chondriten wenig geeignet erscheint.

5.4 Die Anwendung geochemischer Diskriminanzdiagramme in der Erdgeschichte: Kritische Zusammenfassung

Wie wir gesehen haben, lassen sich Vulkanite und Plutonite geochemisch in genetische Gruppen gliedern. Die Eichdiagramme der Vulkanite sind überwiegend aus Analysen von rezenten oder jedenfalls jungen Gesteinen entwickelt worden, deren geotektonische Position bekannt ist. Verwendet werden sie aber überwiegend zur paläogeographischen Zuordnung älterer, oft metamorpher Vulkanite, d.h. Grünschiefer und Amphibolite, zu plattentektonisch definierten Strukturen und Vorgängen. Diese Vergleiche haben viel zum besseren Verständnis der Erdgeschichte und der Regionalen Geologie beigetragen.

Dennoch muß davor gewarnt werden, solche Korrelationen allzu unkritisch vorzunehmen. Klaren, durch die Korrelation verschiedener Elemente bestätigten und genetisch im Rahmen anderer Beobachtungen sinnvoll interpretierbaren Zuordnungen stehen manchmal Auslegungen gegenüber, die alles andere als eindeutig sind. Streuungen von Analysenwerten in den verwendeten Vergleichsdiagrammen quer über die in den Diagrammen definierten Grenzen hinweg sind nicht selten. Sie können auf ungeeignetes (sekundär umgewandeltes oder verwittertes) Probenmaterial, auf Analysenfehler oder einfach darauf zurückgehen, daß eine paläotektonisch/geochemische Situation vorliegt, die heute zufälligerweise nicht bekannt ist. Der Aktualismus besagt wohl, daß zu unserer Zeit ablaufende geologische Vorgänge in der Vergangenheit genauso abgelaufen sind, aber er besagt nicht, daß es nicht auch andere Vorgänge gegeben haben mag, die rezent nicht realisiert sind.

Ein Beispiel mag das illustrieren: Wenn es vor dem Devon geschlossene Pflanzendecken auf der Erde gegeben hätte, dann (Aktualismus!) hätten sie wohl denselben Einfluß auf die exogenen Vorgänge ausgeübt wie sie das heute tun. Es gab sie aber nicht, und folglich liefen Verwitterungs-, Erosions- und Sedimentationsvorgänge eben anders ab als heute. Wegen des Wechselspiels endogener und exogener Vorgänge im Bereich von Kontinenträndern mag also mancher chemische Befund eines präkambrischen oder altpaläozoischen, hybriden oder rein anatektischen Magmas anders aussehen als wir es vom mesozoischen, tertiären oder rezenten Beispiel her erwarten. Paläotektonische oder paläogeographische Aussagen sollten sich daher nie ausschließlich auf geochemische Daten stützen, wenn diese nicht ganz eindeutig sind.

Weiterführende Schriften

FAURE, G. (1986): Principles of isotope geology, 2. Aufl. – 589 S.; New York (Wiley).
MASON, B. & MOORE, C.B. (1985): Grundzüge der Geochemie. – 340 S.; Stuttgart (Enke).
PICHLER, H. (Vorrede) (1985): Vulkanismus. – 207 S.; Heidelberg (Spektrum der Wissenschaft).
SCHMINCKE, H.-U. (1986): Vulkanismus. – 164 S., Darmstadt (Wiss. Buchges.).

6 Orogenese und Kollisionstektonik

Die Hochgebirge und ihre geologischen Strukturen sind seit ihrer Entdeckung als Forschungsobjekt in der einen oder anderen Weise als Produkt seitlich einengender Kräfte gesehen worden. Dies gilt für die Kontraktionstheorie ebenso wie für die anschauliche Deutung durch ALFRED WEGENER als „Bugwelle" der driftenden Kontinente. Zu deutlich ist der krustenverkürzende Charakter der Falten, Schuppen und Decken, aus denen die Gebirge bestehen. Dies gilt auch für die tieferen Zonen der Orogene, in denen die Verkürzung durch Übereinanderstapelung ausgewalzter, zerscherter Gesteinskörper erfolgt.

Eine Theorie, die wie die Plattentektonik den Anspruch erhebt, ein vollständiges neues Erdbild zu liefern **(New global tectonics)**, muß daher zwangsläufig auch Gebirgsbildungs-Theorie sein. Randlich haben wir dieses Thema schon bei der Darstellung der Vorgänge an Subduktionszonen besprochen, doch verdient es ein eigenes Kapitel. Wir werden darin zunächst (1) festhalten, was unter Orogen und Orogenese verstanden wird; anschließend (2) betrachten wir, welche plattentektonischen Einheiten in einen orogenen Zyklus einbezogen werden können, und was ihnen dabei widerfährt, und schließlich (3) sind einige Besonderheiten zu besprechen, die im landläufigen plattentektonischen Konzept nicht ohne weiteres Platz finden.

6.1 Was sind Orogene?

Unter **Orogen** verstehen wir die strukturelle Einheit „Gebirge". Ein Orogen ist also nicht notwendigerweise ein Hochgebirge, auch die tief abgetragenen Fastebenen eines präkambrischen Schildes bestehen überwiegend aus Orogenen. Unter Orogenese versteht man alle Vorgänge, die zur strukturellen Prägung eines Gebirges führen; sie beginnen meist schon sehr früh in der Geschichte eines Orogens. Will man alle Frühphasen, auch die Entstehung der in die Orogenese einbezogenen Sedimente und Vulkanite begrifflich miterfassen, so spricht man von einem **orogenen Zyklus**.

Kein Orogen ohne Gesteine. Jeder orogene Zyklus beginnt mit der Entstehung von Gesteinen: Sedimentgesteinen und meistens auch Vulkaniten — ungeachtet dessen, daß ältere, schon früher orogen geprägte Gesteine ebenfalls an der jüngeren Orogenese teilhaben können. Die Gesteine werden in größere Tiefen gebracht, teils durch einfache Anhäufung von immer mehr Sedimenten und Vulkaniten, teils durch aktives Abwärtszerren. Sie gelangen dabei in Druck- und Temperatur-Bereiche, in denen sie einerseits *metamorph* werden, andererseits *plastisch verformbar*. Die Metamorphose verändert den Mineralbestand im Sinne jeweils für einen bestimmten Druck- und Temperatur-Bereich stabiler Mineralassoziationen, sogenannter **Paragenesen.** Die plastische Verformung führt zur Bildung von

Falten, Schieferung und zur Mylonitisierung, wobei zerbrochene Gefüge gleichzeitig wieder rekristallisieren. An Scherzonen können sich Überschiebungen und Decken bilden. Meistens durchdringen granitische Schmelzen ein Orogen und erstarren in tieferen und höheren Stockwerken. In einem letzten Akt steigt das Orogen empor, da es auf Grund der Versenkung oder Unterschiebung relativ leichter Gesteine isostatisch instabil geworden ist. Erst in dieser Phase wird es, in Wechselwirkung mit der Erosion, zum **Hochgebirge**.

6.2 Plattenkollisionen und Orogenese

Bis zur Ausarbeitung der plattentektonischen Theorie zur Grundlage fast aller geologischen Vorgänge galt die Geosynklinale, ein heute über hundert Jahre alter Begriff, als Anfang aller Gebirge. Wir werden darauf noch zu sprechen kommen, wollen zunächst aber die Bausteine der Orogene aus plattentektonischer Sicht betrachten. Sie entstehen demnach durch den Zusammenstoß, die **Kollision,** zweier oder mehrerer Lithosphären-Platten, die in aller Regel mit der Ausbildung einer oder mehrerer Subduktionszonen zusammenfällt. Solche Kollisionszonen gilt es also zu untersuchen. Dabei spielen Kollisionen von kontinentalen Plattenteilen eine besondere Rolle (Kap. 6.2.4); sie können als Kollisionen im engeren Sinn bezeichnet werden, ja die plattentektonische Nomenklatur spricht meist nur bei solchen Kontinent-Kontinent-Zusammenstößen von **Kollisionsorogenen.** Wir wollen den Begriff nicht so eng fassen. Es gibt eigentlich keinen Fall von Plattenbegegnung, an dem nicht auch ozeanische Kruste beteiligt wäre. Auch zwischen zwei kollidierenden Kontinenten lag stets ein Ozean, es sei denn, sie wären vorher seitlich aneinander vorbeigeglitten.

6.2.1 Ozean/Ozean-Kollision

Im einfachsten Fall stößt ein Ozean an einer Subduktionszone an einen anderen. Dieser Fall ist selten rein verwirklicht, da bei gleichem Lithosphärenbau beiderseits der Kollisionszone eigentlich kein Grund zur Entwicklung einer Subduktionszone besteht. Dennoch gibt es solche Fälle. Ein Beispiel ist die Subduktionszone am Ostrand der Süd-Sandwich-Mikroplatte im Scotia Arc (Abb. 6.1). Es taucht hier ozeanische Kruste der Antarktisplatte unter einen rein magmatisch aufgebauten Inselbogen ab, hinter dem ozeanische Kruste von einem nur wenige Millionen Jahre alten Spreading-Zentrum aus nach Osten wandert. Wie auch immer Subduktion mitten im Ozean induziert werden mag, sie führt zumindest im Anfangsstadium zur Entstehung eines magmatischen Inselbogens, nicht zur Bildung eines Orogens.

Ein anderes, bekannteres Beispiel ist die Grenze Pazifik-Platte/Philippinen-Platte im Westpazifik. An dieser wesentlich älteren Kollisionsstruktur ist der Inselbogen über der Subduktionszone schon zu einem richtigen Kontinent geworden, der Inselwelt der Philippinen.

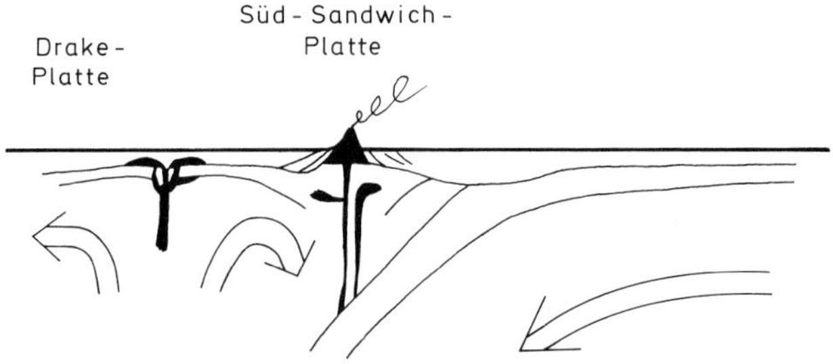

Abb. 6.1 Ozean/Ozean-Kollision zwischen der Drake-Platte und einem ozeanischen Teil der Antarktis-Platte im Süd-Atlantik. Zwischen beiden Platten hat sich ein kleines Spalten-System und ein junger, aktiver Inselbogen gebildet. Der schmale Inselbogen (Süd-Sandwich-Platte) ist ein Beispiel für die Entstehung einer jungen Kleinplatte ohne kontinentale Vorgeschichte.

6.2.2 Ozean/Kontinent-Kollision

Wir verstehen darunter einen Kollisionstyp von der Art der südamerikanischen Anden, bei dem keine ausgeprägte Differenzierung des Kontinentrandes in Inselbogen und Back-arc basin erfolgt. Hier entsteht ein Hochgebirge aus überwiegend magmatischen Gesteinen enormer Mächtigkeit, die nur geringgradig metamorph und schwach gefaltet sind. Die Magmatite sind sowohl effusiv wie intrusiv, sitzen auf bzw. in älterer kontinentaler Kruste und haben schwerpunktmäßig intermediären Chemismus bei ausgeprägt kalkalkaliner Tendenz. Gegen das Innere des Kontinentes nimmt der Anteil sedimentärer Gesteine zu; sie sind kräftig gefaltet und verschuppt. Die Differenzierung in eine magmatische Zone ozeanwärts und eine sedimentäre Zone kontinentwärts deutet Übergänge zu dem unter Kap. 6.2.3 beschriebenen Typ an. Der sedimentgefüllte Teil des Kontinentrandes ist aber nie ein echtes Back-arc basin mit aufreißender Kruste gewesen. Der Magmatismus ist subduktionsbedingt.

Orogene dieses, auch als andin zu bezeichnenden Typs sind nicht häufig. Im übrigen muß klargestellt werden, daß die südamerikanischen Anden erst seit dem Mesozoikum dieser Beschreibung entsprechen; im Paläozoikum war ihre Entwicklung komplizierter und entsprach mehr dem Typ unter 6.2.3. Die derzeitige Abwesenheit von Akkretionskeilen am Außenhang der magmatischen Zone geht zum Teil auf das Fehlen genügender Sedimentzufuhr auf Grund des ariden Klimas zurück, andererseits auf die zunehmende Fixierung des südamerikanischen Entwässerungssystems auf den Atlantischen Ozean seit dessen Aufreißen in der Kreide. So wird deutlich, daß auffällige Erscheinungen, wie die Sedimentarmut in einem Orogen, durchaus nicht immer geotektonische Ursachen haben müssen, sondern klimatisch oder geomorphologisch bedingt sein können.

6.2.3 Ozean/Inselbogen/Back-arc basin/Kontinent-Kollision

Wie in Kap. 4.3 erläutert, entwickelt sich an aktiven Kontinenträndern zwischen dem Kontinent und einem Inselbogen häufig ein kurzlebiger, mehrere zehn bis einige hundert Kilometer breiter Einbruch, ein sogenanntes **Back-arc basin.** Rezent sind solche Randmeere an der Grenze Pazifik-Platte/Asiatischer Kontinent gut entwickelt. Ein kleines schönes Beispiel ist auch die Süd-Shetland-Platte mit der Bransfield-Straße in der Westantarktis (Abb. 4.11, 4.14). Fossil sind solche Subduktionszonen nicht immer leicht zu erkennen, da der schmale Neu-Ozean zwischen Kontinent und Inselbogen oft in späteren Entwicklungsstadien weitgehend subduziert wird (Abb. 6.2, 6.3).

Dieser Kollisionstyp besteht grundsätzlich aus drei lithologischen Einheiten, dem Fore-arc basin, dem Inselbogen und dem Back-arc basin.

Das **Fore-arc basin** wird überwiegend mit Material gefüllt, das dem Inselbogen entstammt: vulkanischer Detritus und wenig aufgearbeitete Abtragungsprodukte der Plutonite des Inselbogens. Da dieser in der Regel kontinentalem Grundgebirge aufsitzt, kann auch älteres, schon reiferes Material miteingebracht werden. Die Nähe des üblichen Tiefseegrabens verhindert in der Regel die Ausbildung von Karbonatplattformen oder anderer ausgedehnter Schelfe. Das entstehende Sediment wird jeweils rasch in den Subduktionsprozeß einbezogen, entwässert, gefaltet und verschuppt, in tieferen Zonen druckbetont metamorph, ein typischer Akkretionskeil (Abb. 6.2, 6.4, 6.5, 6.6). Das geringe spezifische Gewicht dieser Keile kann dazu führen, daß sie als **Outer tectonic arc** vor dem magmatischen Inselbogen **(Inner magmatic arc)** morphologisch in Erscheinung treten. Nach dem Aufsteigen kann in höher metamorphen Bereichen eine metamorphe Zonierung

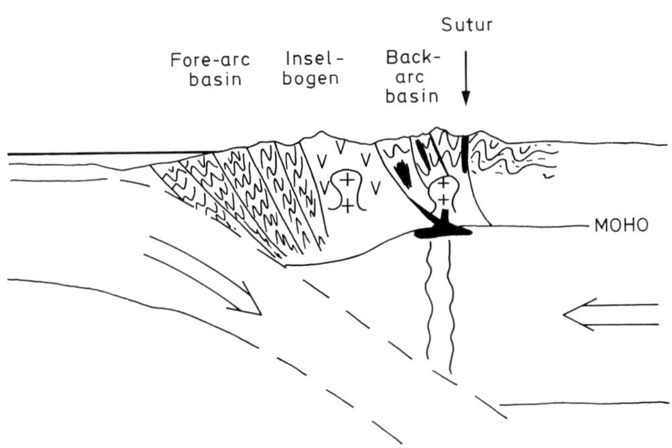

Abb. 6.2 Eine typische Kontinent/Ozean-Kollision, hervorgehend aus einem System von Fore-arc basin, Inselbogen und Back-arc basin (Abb. 4.10) bei nachlassender „Wirbelbildung" im Back-arc-Bereich. Die Sedimente, Vulkanite und Peridotite des Back-arc-Beckens werden oft weitgehend subduziert; die Suturlinie zum Kontinent ist aber häufig durch Späne ozeanischer Kruste (Ultrabasite, meist zu Serpentiniten umgewandelt) markiert.

Abb. 6.3 Beispiel einer Suturzone zwischen ozeanischen Ultrabasiten und einem Kontinent. Uspallata-Tal nordwestlich von Mendoza, argentinische Anden. Die Ultrabasite sind zum Teil in Talk umgewandelt, der in zahlreichen kleinen Gruben abgebaut wird (Vordergrund). Es ist strittig, ob die Ultrabasite dieser Sutur Reste eines kleinen Back-arc basins sind oder „echter" Pazifik, der vor einem Exotic terrane (Kap. 7.3) namens „Chilenia" her gegen den Gondwana-Kontinent geschoben wurde.

Abb. 6.4 Kissenlaven, zerschert und mittelgradig metamorph, sind dennoch gut als Zeugen untermeerischen Vulkanismus erkennbar (Abb. 4.3). Sie bilden hier an der heutigen chilenischen Küste bei Pichilemu, südlich von Valparaiso, einen Teil eines paläozoischen Akkretionskeils an der ehemaligen Westküste von Gondwana.

Abb. 6.5 Durch starke Beanspruchung in halbplastischem Zustand zerlegte Sandstein/Tonstein-Wechselfolge im paläozoischen Akkretionskeil von Pichilemu, Chile.

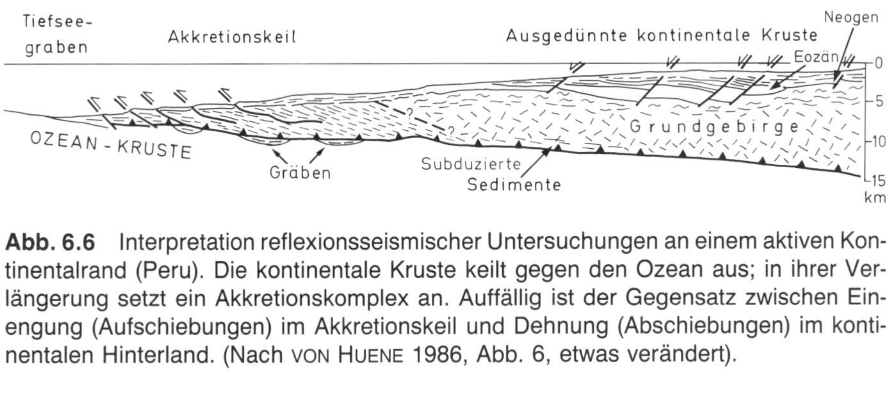

Abb. 6.6 Interpretation reflexionsseismischer Untersuchungen an einem aktiven Kontinentalrand (Peru). Die kontinentale Kruste keilt gegen den Ozean aus; in ihrer Verlängerung setzt ein Akkretionskomplex an. Auffällig ist der Gegensatz zwischen Einengung (Aufschiebungen) im Akkretionskeil und Dehnung (Abschiebungen) im kontinentalen Hinterland. (Nach VON HUENE 1986, Abb. 6, etwas verändert).

erkennbar werden, **Paired metamorphic belts,** der eine Gürtel druckbetont, der andere temperaturbetont. Eine statische Rekristallisation bei relativ niedrigen Drucken tritt ebenfalls oft in Erscheinung.

Ein **Back-arc basin** klassischer Ausbildung besteht aus neugebildeter ozeanischer Kruste, die an ihrem dem Kontinent zugewandten Rand von terrigenen Sedimenten, an ihrem dem Inselbogen zugewandten Rand von überwiegend vulkano-detritischem Material überdeckt wird. Es sind geochemische und petrographisch-mineralogische Diagramme entwickelt worden, die die Ermittlung der Herkunft des Materials und damit auch die Bestimmung der paläogeographischen Situation erleichtern.

Ein solches Randbecken ist meist kurzlebig. Es wird beim Fortschreiten der Subduktionsentwicklung weitgehend subduziert und von anderen Bereichen tektonisch überfahren. Dann ist es oft nur noch an Relikten ozeanischer Kruste zu erkennen. Die ozeanischen Gesteine liegen meist als Serpentinite oder Grünschiefer und Amphibolite vor. Die Unterscheidung gegenüber echten Ozeanresten zwischen zwei kollidierenden Kontinenten ist schwierig. Die Verformung aller Gesteine ist intensiver als bei einfach gebauten Subduktionszonen, der Bau dieser Orogene naturgemäß komplizierter. Er kann das Ausmaß von Deckentektonik annehmen.

6.2.4 Kontinent/Ozean/Kontinent-Kollision

Gebirge vom alpinen Stil, also in jüngster Zeit der langgestreckte Zug von Hochgebirgen zwischen dem westlichen Mittelmeer und Ostasien, gehen auf den Zusammenstoß von Kontinenten zurück. Man kann diese Gebirge als **Kollisionsorogene im engeren Sinn** bezeichnen.

Ein Kontinent kann nur unter bestimmten Bedingungen auf einen anderen zuwandern. Auf der Rückseite braucht er den Antrieb durch Sea-floor spreading an einem ozeanischen Rücken. Auf der Vorderseite des driftenden Kontinentes darf kein aktiver ozeanischer Rücken folgen, der den Kontinent von sich fernzuhalten bemüht wäre. Eine Subduktionszone darf erst am Rand des als relativ ruhend gedachten zweiten Kontinents bestehen.

Ein auf einen anderen zu driftender Kontinent ist daher auf Vorder- und Rückseite von passiven Rändern umgeben, auf denen je nach Schelfbreite, Klima und Kontinentgröße Karbonatplattformen, klastische Flachwassersedimente oder Kontinentalhangsedimente vorkommen können (Abb. 6.7). Diese und eine nicht mehr ganz junge ozeanische Kruste mit mehr oder weniger mächtiger Bedeckung durch pelagische Sedimente kommen also auf den anderen Kontinent zu, an dessen Rand eine Subduktionszone einfacher oder komplizierter Bauart zu erwarten ist.

Man hat anfangs geglaubt, vom Augenblick des Zusammenstoßes an würde diese Subduktion grundsätzlich inaktiv werden, da Kontinente wegen ihrer geringen Dichte nicht nach unten geführt werden könnten. Die Subduktionszone sollte dann an die Rückfront des angeschweißten Kontinentes springen, die alte sollte fossil werden (Abb. 6.8). Untersuchungen insbesondere im Himalaya haben gezeigt, daß kontinentale Kruste durchaus von ihrem Untergrund abscheren, teilweise subduziert werden und teilweise zur Verdoppelung der Erdkruste, ja der Li-

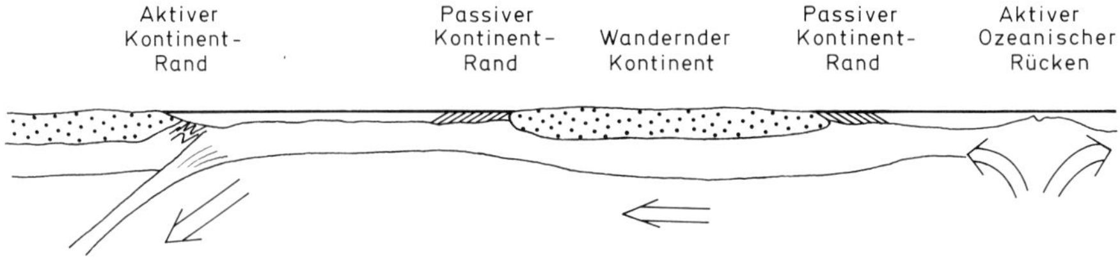

Abb. 6.7 Vorgeschichte einer komplizierten Kontinent/Ozean/Kontinent-Kollision. Ein Kontinentstück driftet mit seinen sedimentbedeckten Rändern und umgebenden Ozeanen auf einen Kontinent größerer Ausdehnung zu, angetrieben von einem langfristig aktiven Ozeanischen Rücken. Zu den Folgen siehe Abb. 6.8 und 6.9!

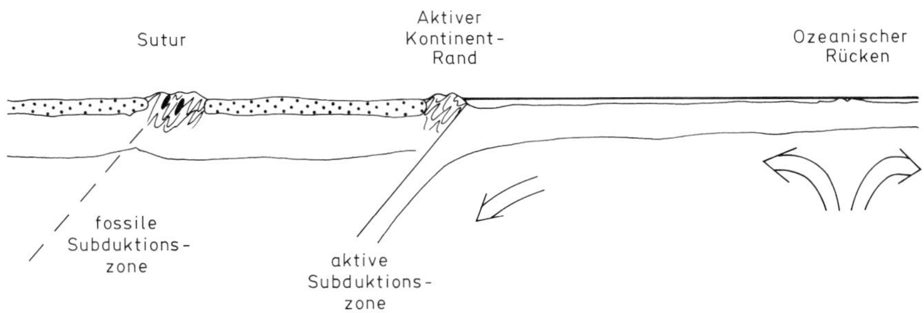

Abb. 6.8 Als Folge des Kontinent/Ozean/Kontinent-Zusammenstoßes (Abb. 6.7) wird die ehemalige Subduktionszone am Großkontinent inaktiv. Der gedriftete Kontinent wird an einer Sutur an den Großkontinent angeschweißt; der ehedem dazwischen liegende, großenteils subduzierte Ozean ist nur noch in Form von Resten basischer und serpentinisierter ultrabasischer Magmatite des ehemaligen Ozeanbodens und der am Ozeanrand gebildeten Sedimentgesteine erhalten. Hinter dem hinzugekommenen Kontinentstück bildet sich bei weiterhin aktivem Ozeanischem Rücken eine neue Subduktionszone aus. – Eine andere Möglichkeit wird in Abb. 6.9 dargestellt.

thosphäre, im Kollisionsgebiet führen kann (Abb. 6.9). Die Aufeinanderstapelung von Lithosphärenteilen führt zu erheblichen isostatischen Ungleichgewichten, die durch entsprechend starke Hebung kompensiert werden. Nicht umsonst liegen die höchsten Gipfel der Erde im Himalaya und seiner Umgebung.

An Kontinent/Kontinent-Kollisionen können auch mehrere Einheiten beteiligt sein und eine entsprechende Vielfalt in der heutigen Situation hervorbringen (Abb. 6.10, 6.11).

Ein anderer Weg zur Überwindung des Platzproblems führt über das seitliche Ausweichen von Krustenteilen an regionalen Blattverschiebungen wie sie zum Beispiel für Ausgleichsbewegungen tibetischer Kontinentstücke bei der Kollision mit Indien beschrieben werden. Seit einigen Jahren wird in der Literatur nicht

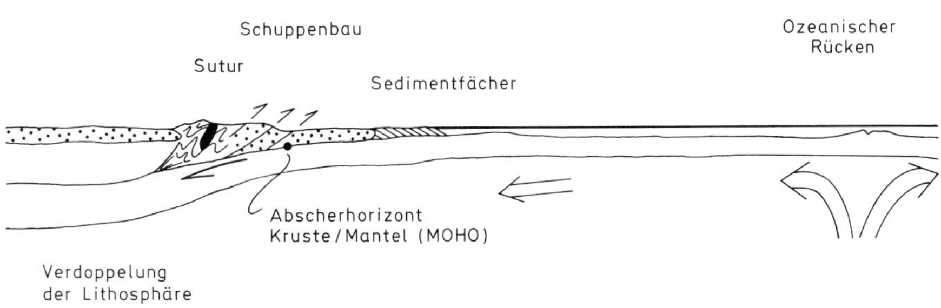

Abb. 6.9 Hier wird die wandernde Lithosphärenplatte nicht seitlich an den alten Kontinent angebaut, sondern **unter** ihn geschoben. Ihre kontinentale Erdkruste wird an der Mohorovičić-Diskontinuität (Mantel/Krusten-Grenze) vom lithosphärischen Mantel abgeschert. Intensiver Schuppen- und Überschiebungsbau im Sutur-Bereich und ein ungewöhnlich rasches Aufsteigen der verdoppelten Lithosphäre zum Hochgebirge ist die Folge. Schwarz: Reste ehemaligen Ozeanbodens.

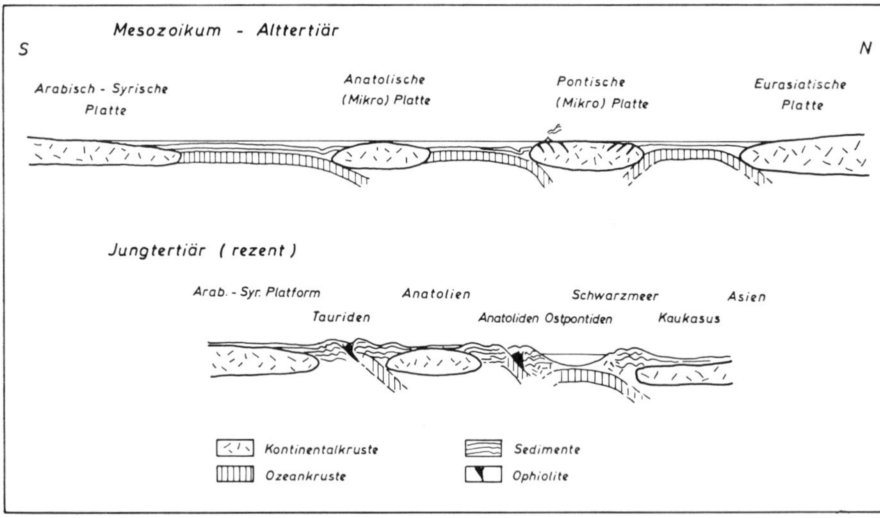

Abb. 6.10 Kompliziert gebaute Gebirge entstehen, wenn mehrere kleine (Mikro-)Platten zusammenstoßen. Die trennenden Suturzonen sind in der Natur nicht immer so deutlich zu sehen wie in dieser Abbildung. Sie wurden oft erst in den letzten Jahren erkannt oder als solche gedeutet. (Aus Akin 1979, Abb. 7).

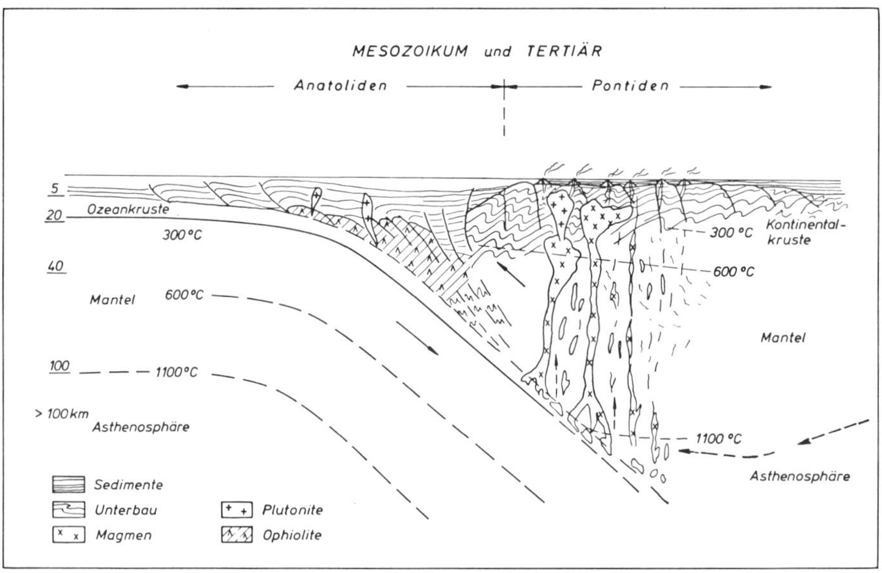

Abb. 6.11 Detail aus einer plattentektonischen Deutung der Entstehung der nordosttürkischen Gebirge (Ausschnitt aus Abb. 6.10). Zwischen Kontinent und Ozean ist hier kein eigentlicher Inselbogen, wohl aber ein kontinentaler magmatischer Bogen entwickelt. (Aus Akin 1979, Abb. 8).

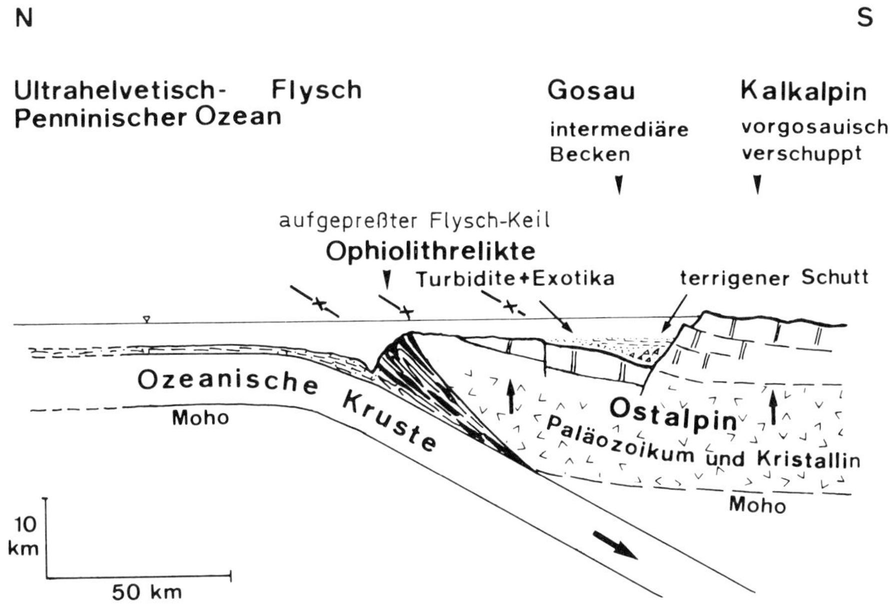

Abb. 6.12 Spuren eines lokalen, weitgehend wieder subduzierten Streifens eines Ozeanbodens sind manchmal nicht einmal mehr an Spänen von Serpentiniten erkennbar. In diesem Beispiel aus den Alpen dienten u.a. Schwerminerale der Chromitgruppe als klastische Bestandteile der Sandsteine der kretazischen Gosau-Sedimente zur Identifizierung eines damals im Erosionsniveau befindlichen Ozeanbodens. Chromit ($FeCr_2O_4$) wird in der Regel nur in ultrabasischen Gesteinen gebildet. Die Abbildung zeigt eine zeitliche Momentaufnahme aus der Oberkreide: Aufgepreßte Ozeankruste (Ophiolithrelikte) schütten ihren Verwitterungsschutt in das auf den Decken der Nördlichen Kalkalpen sich bildende Gosau-Becken. (Aus DIETRICH & FRANZ 1976, Abb. 7).

mehr mit einfachen symmetrischen Einengungsprozessen bei Kontinent/Kontinent-Kollisionen gerechnet, sondern auch mit solchen seitlichen Ausgleichsbewegungen und mit Plattenbewegungen schräg zu entstehenden Faltenachsen. Dieser Vorgang wird als **Transpression** bezeichnet und findet in der Alpengeologie zunehmend Beachtung.

Außer autochthonen Anteilen kann so ein Orogen auch Inselbögen sowie Sedimente und Vulkanite eines randlichen Back-arc basins enthalten. Der herangedriftete Kontinent bringt nicht nur sein eigenes Material mit, sondern auch Ozeanboden und Gesteine seines passiven Kontinentrandes. Besonders verwickelt wird die Geschichte, wenn, wie in den Alpen, der ältere Untergrund der Kontinente auch schon durch Kollisionen geprägt wurde. Andererseits liegt in den Alpen noch der Sonderfall vor, daß eine Art Back-arc basin, der Penninische Ozean, ohne zugehörigen oder nicht mehr zu findenden Inselbogen entstand. Die südliche Begrenzung dieses Ozeans, das Ostalpine Deckensystem, wurde nicht von Süden unter ihn subduziert, sondern allen Anzeichen nach an einer südfallenden Überschiebung (mag man sie Subduktionszone nennen oder nicht) auf ihn drauf geschoben (Abb. 6.12).

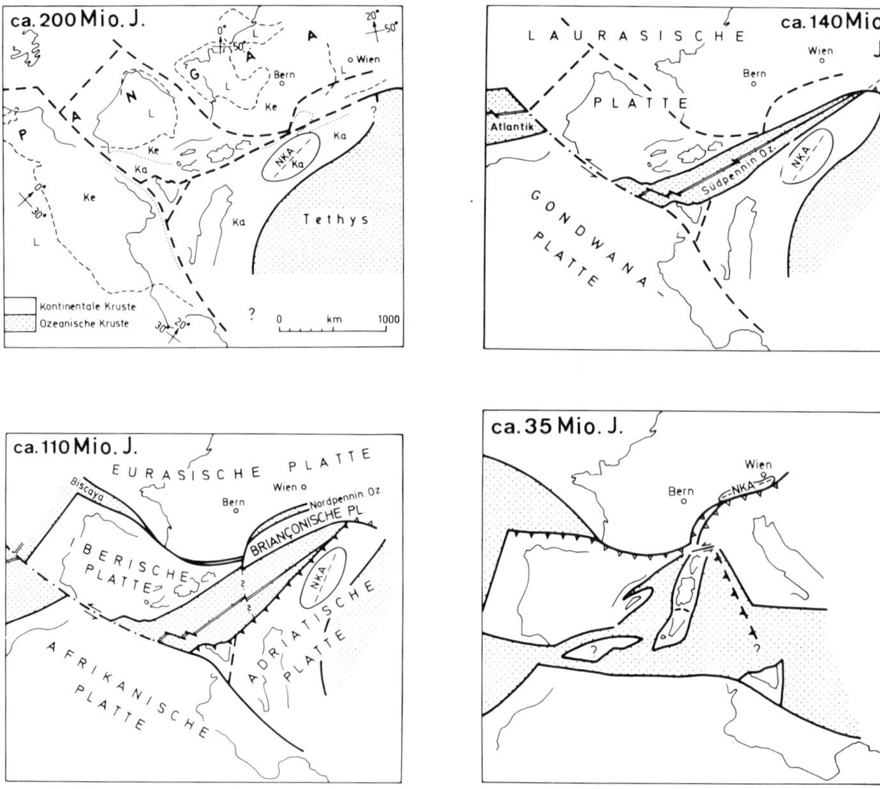

Abb. 6.13 Vier „Schnappschüsse" aus der Entwicklung des alpinen Kollisionsorogens. Die Öffnung des zentralen Kerns der Alpen, des Penninischen Ozeans, wird in Zusammenhang mit der Öffnung des Atlantischen Ozeans gesehen. Vgl. dazu auch Abb. 6.15, die einen engeren Ausschnitt in Profilform darstellt. NKA = Ablagerungsraum der Nördlichen Kalkalpen am Nordrand der „Adriatischen Platte". Die Entstehung der Alpen ist nur eine Episode in der langen und ausgedehnten Geschichte des riesigen Tethys-Ozeans und seiner kontinentalen Ränder. (Aus Frisch 1977, Abb. 1, 2, 3, 5).

Die Einbindung der **Alpen** in das Konzept der Plattentektonik verdient überhaupt besondere Beachtung. Trotz ihrer vielerorts bis ins kleinste Detail bekannten Geologie, ist ihre Geschichte, auch deren plattentektonische Deutung, keineswegs unumstritten. Es wird aber allgemein angenommen, daß die heutigen Alpen aus Teilen der Eurasischen Platte, einem während Jura und Unterkreide geöffneten, mehrere zehn bis einige hundert Kilometer breiten Ozeanstreifen (in der Kreide sogar zweien) und einer zwischen Eurasien und Gondwana eingequetschten selbständigen Adria-Platte bestehen (Abb. 6.13). Diese Adria-Platte war die Karbonatplattform, auf der sich die mächtigen Riff- und Lagunenbildungen der Trias der Südlichen und Nördlichen Kalkalpen bildeten (Abb. 6.14, 6.15). Der Ozean zwischen beiden (der paläogeographische Raum „Penninikum") enthält die feinkörnigen Bündner Schiefer (schistes lustrés), die in unterschiedlichem

Abb. 6.14 Das Wettersteingebirge von Westen gesehen bietet ein eindrucksvolles Bild von den triassischen Karbonatplattformen der Adriatischen Platte und von den Überschiebungsweiten im Gefolge der Kollision der eurasischen Platte mit der adriatischen: Einst auf dem „Adria-Sporn" der Afrikaplatte gebildet, liegt es heute weit im Norden jenseits des zum großen Teil nach unten verschwundenen Penninischen Ozeans, den über 5 km unter ihm liegenden Südrand der eurasischen Platte unter sich begrabend.

Metamorphosegrad große Teile der Schweizer und französischen Alpen aufbauen, in den Ostalpen aber weitgehend von den ostalpinen Einheiten der Adria-Platte überdeckt sind. Nur in wenigen tektonischen Fenstern, deren größtes das Tauernfenster ist, sind sie hier unter der erodierten Hülle sichtbar (Abb. 6.16).

Die Bündner Schiefer werden von zahlreichen Basalten und Ultrabasiten (meist als Grünschiefer, Amphibolite, Eklogite bzw. Serpentinite) durchsetzt, die als Beweis für den echt ozeanischen Ursprung des Penninikums im Jura gelten. Dem scheinen die häufigen Vorkommen vermutlich mitteltriassischer Plattformkalke zwischen den Schuppen und Decken der Bündner Schiefer zu widersprechen; wahrscheinlich sind die eigentlich ozeanischen – daher „untergrundfreien" (!) – Teile des Penninikums weitgehend durch Subduktion oder Erosion wieder verschwunden. Manchmal sind sie nur noch in Form ihres Detritus in jüngeren Sedimenten nachweisbar (Abb. 6.17).

Während zu den Anfängen plattentektonischer Deutung der Alpenentstehung Nord/Süd-Einengung des Alpenraumes Voraussetzung und Ergebnis der Alpentektonik war, sind heute schräg zu den Plattengrenzen verlaufende Plattenbewegungen und wechselnde Antworten einzelner Plattenteile darauf in Diskussion (Transpression; s.o.). Dies wirkt sich in zunehmender Erkenntnis der Bedeutung

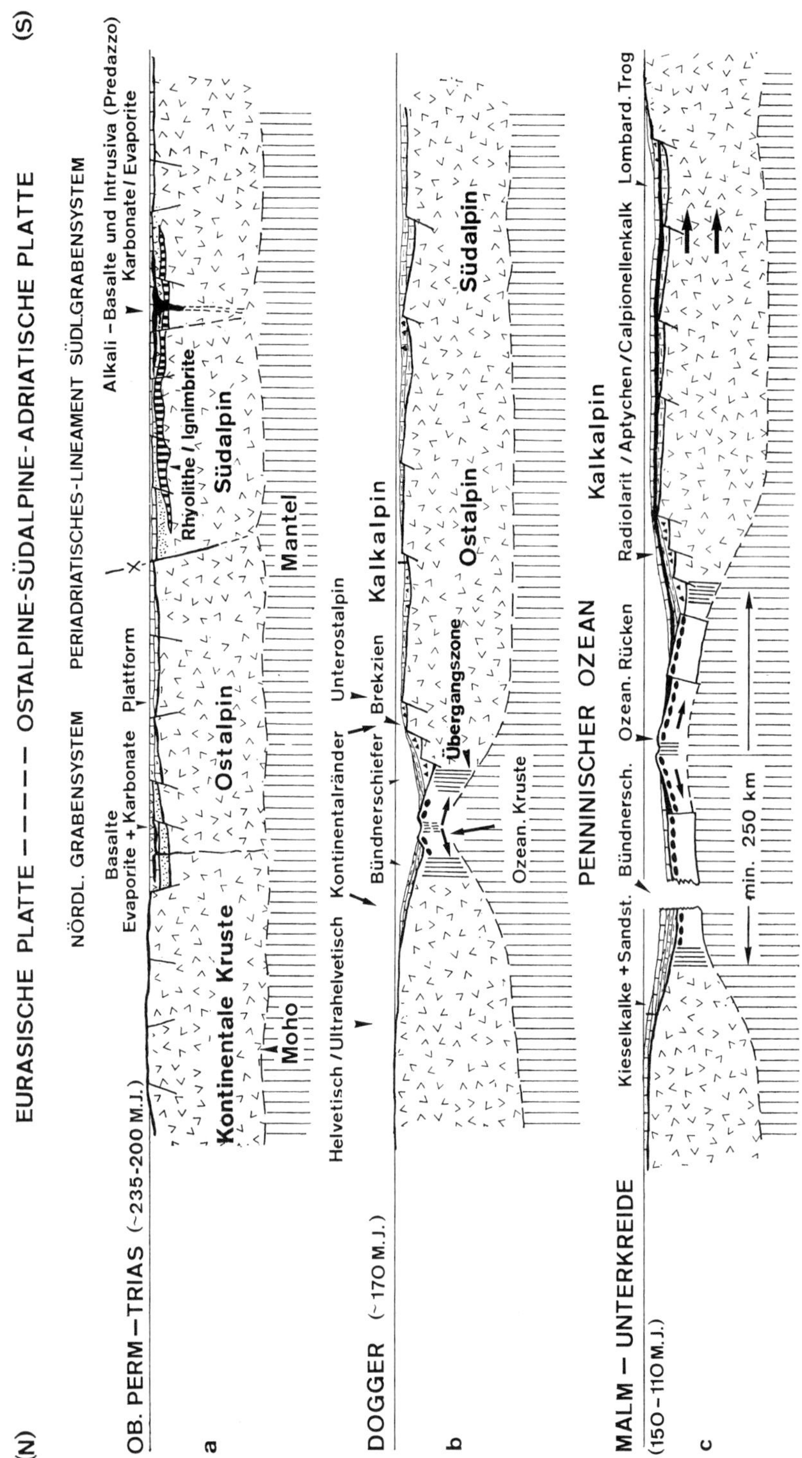
(N)
(S)
EURASISCHE PLATTE – – – – – OSTALPINE-SÜDALPINE-ADRIATISCHE PLATTE
NÖRDL. GRABENSYSTEM
PERIADRIATISCHES-LINEAMENT
SÜDL.GRABENSYSTEM
OB. PERM – TRIAS (~235-200 M.J.)
Evaporite + Karbonate
Basalte
Plattform
Alkali - Basalte und Intrusiva (Predazzo)
Karbonate / Evaporite
a
Kontinentale Kruste
Moho
Ostalpin
Mantel
Rhyolithe / Ignimbrite
Südalpin
DOGGER (~170 M.J.)
Helvetisch / Ultrahelvetisch
Kontinentalränder
Unterostalpin
Bündnerschiefer
Brekzien
Kalkalpin
b
Übergangszone
Ozean. Kruste
Ostalpin
Südalpin
MALM – UNTERKREIDE (150-110 M.J.)
Kieselkalke + Sandst.
Bündnersch.
Ozean. Rücken
Radiolarit / Aptychen / Calpionellenkalk
Lombard. Trog
c
min. 250 km
PENNINISCHER OZEAN
Kalkalpin

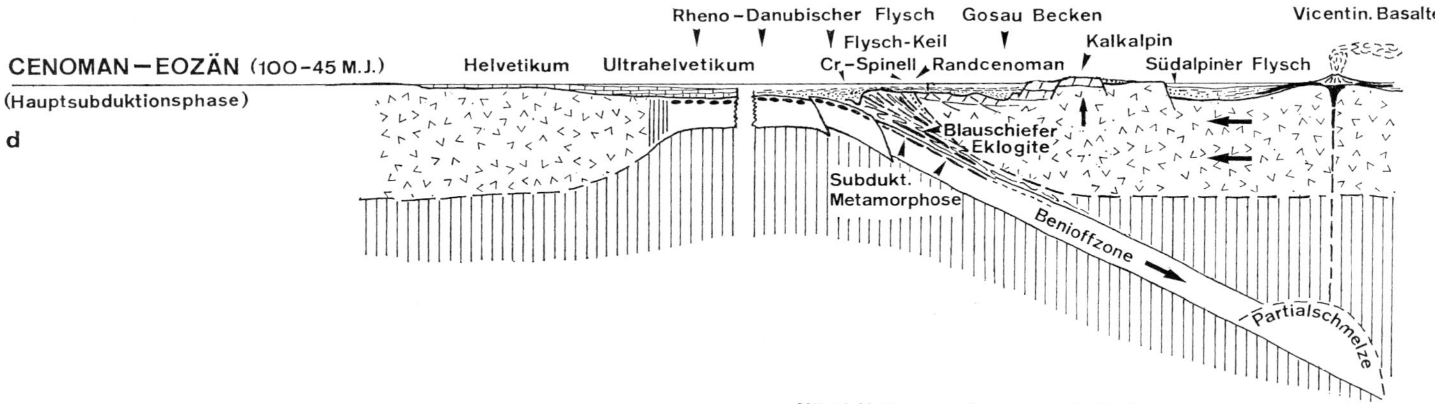

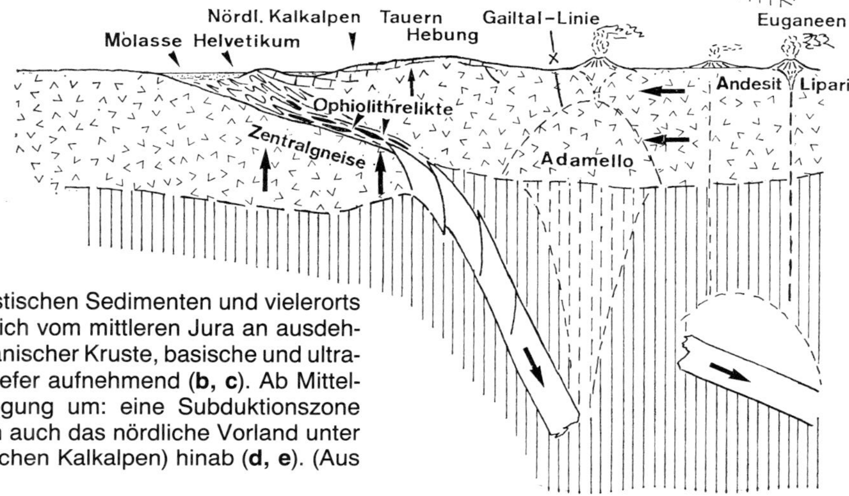

Abb. 6.15 a–e Fünf Phasen der Alpenentstehung im Profil. Sie begann mit einfachen Grabenbrüchen, anfangs begleitet von überwiegend saurem, später auch basischem Vulkanismus, aufgefüllt von klastischen Sedimenten und vielerorts mächtigen Karbonatgesteinen (**a**). Etwa ab Obertrias, sich vom mittleren Jura an ausdehnend bildete sich der Penninische Ozean mit echter ozeanischer Kruste, basische und ultrabasische Vulkanite sowie die Mergel der Bündner Schiefer aufnehmend (**b, c**). Ab Mittelkreide kehrte sich die bisher dehnende Plattenbewegung um: eine Subduktionszone schleppte nicht nur den neu gebildeten Ozean, sondern auch das nördliche Vorland unter die adriatische Platte (Ostalpine Decken mit den Nördlichen Kalkalpen) hinab (**d, e**). (Aus DIETRICH 1976, Abb. 4).

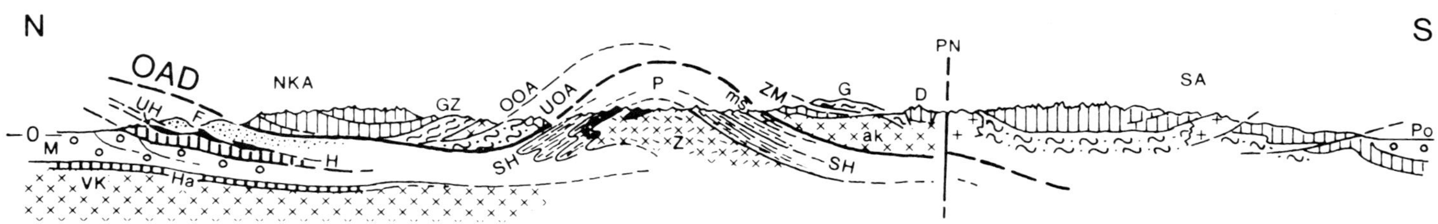

Abb. 6.16 Ein sehr vereinfachtes Profil durch die Ostalpen von München in die Poebene. Das vielfach zerscherte ostalpine Deckensystem (OAD) lag ursprünglich in unmittelbarer Nähe der Südalpen, das Wettersteingebirge (vgl. Abb. 6.14) befindet sich etwas rechts der Abkürzung NKA (Nördliche Kalkalpen). Weitere wichtige Abkürzungen: M = Molasse; UH und U = Ultrahelvetikum und Helvetikum, Sedimentgesteine des ehemaligen Südrandes des eurasischen Kontinents; F = Flyschzone, ein später, nicht zum echten Ozean gewordener Sedimenttrog; P und Z = Penninikum und Zentralgneis der Hohen Tauern, dieser ein Rest des Südrandes des eurasischen Kontinents, jenes ein Rest des Penninischen Ozeans; PN = Periadriatische Naht: die Grenze zwischen Zentralalpen und Südalpen, immer noch ohne endgültige Deutung. SA = Südalpen. (Aus BÖGEL & SCHMIDT 1976, Abb. 5).

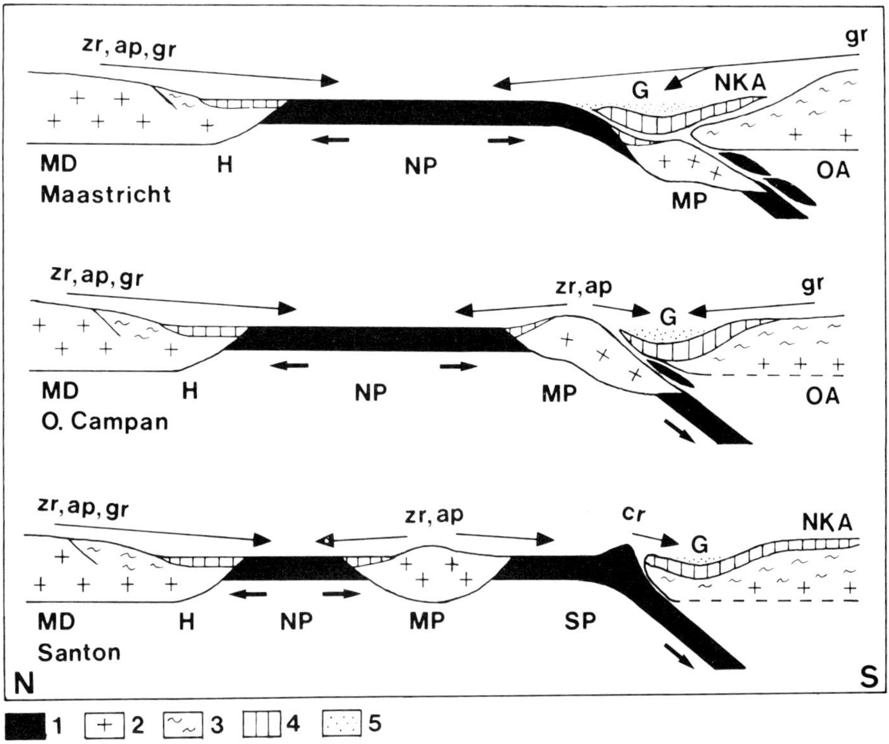

Abb. 6.17 Eines der möglichen Modelle für die Entwicklung der Ostalpen in der Höheren Oberkreide (von unten nach oben zu lesen). Der südpenninische Ozean (SP) verschwindet an einer Subduktionszone nach unten und nimmt einen Mittelpenninischen Mikrokontinent (MP) mit sich, während der Nordpenninische Ozean (NP) sich erst öffnet. Ob dieser als ozeanische Kruste wirklich existierte, ist keineswegs sicher. Das Mittelpenninikum bildete einst eine Einheit mit dem Moldanubikum (MD) als Südrand der eurasischen Platte. Das rechte Drittel des unteren Profils ist mehr oder weniger identisch mit Abb. 6.12. G = Gosau; klastische und kalkige Serien auf den nach Norden drängenden Kalkalpen. Kleine Buchstaben: Schwermineral-Assoziationen. (Aus STATTEGGER 1986, Fig. 5).
1 = ozeanische Kruste; 2–5 = kontinentale Kruste; 2 = Plutonite, 3 = Metamorphe Gesteine, 4 = Sedimentgesteine, 5 = „Gosau".

auch Westnordwest-gerichteter Bewegungen und von Blattverschiebungen verschiedener Richtungen aus.

Besonders erschwert wird die Aufklärung der plattentektonischen Konfiguration der Alpen dadurch, daß auch der prämesozoische (variszische) Unterbau der alpinen Decken eine plattentektonische Geschichte am Nordrand Gondwanas hat, deren genaue paläogeographische Situation und paläotektonische Kinematik keineswegs geklärt sind.

Vertikale Absenkung und spätere Heraushebung gingen in den Westalpen bis über 100 km weit, so daß Paragenesen von extremen Hochdruckmineralen wie Coesit und Ellenbergerit gefunden werden.

Kontinent/Kontinent-Kollisionen führen also zu besonders komplex zusammengesetzten Orogenen mit starker Beteiligung von Sedimentgesteinen und Metamorphiten verschiedener Herkunft. Sie weisen oft den für einfache Subduktionszonen charakteristischen Magmatismus nicht auf; typische Inselbögen können ganz fehlen.

Ob und wieviel kontinentale Erdkruste tatsächlich bei solchen Zusammenstößen echt subduziert werden kann, ist nicht endgültig geklärt. Flachliegende Unterschiebungen kontinentaler unter kontinentale Kruste spielen vermutlich ebenso eine Rolle. Folglich sind solche Orogene meist durch Deckenbau faziell unterschiedlicher Einheiten charakterisiert.

6.2.5 Kontinent/Inselbogen-Kollision

Inselbögen sind meistens über Randmeere mit Kontinenten verknüpft. Kollisionen von Kontinenten mit Inselbögen gehören daher weitgehend zum vorigen Kapitel. Es gibt aber in jüngster geologischer Vergangenheit einen Fall von Kontinent/Inselbogen-Kollision (Abb. 6.18), der so weit von einer normalen Back-arc basin/Kontinent-Situation entfernt ist, daß er gesondert betrachtet werden kann: der Zusammenstoß des Autralischen Kontinents an seinem Nordwestrand mit dem Banda-Bogen in Südostasien. Die Situation ist besonders interessant, da der Kontinent dadurch den Java-Tiefseegraben abschneidet. Die Insel Timor als bedeutendster Teil eines **Outer tectonic arc** erscheint dabei morphologisch über dem Meeresspiegel, fast in Verlängerung des bestehenden Tiefseegrabens weiter westlich. Dies ist ein rezentes Beispiel für scheinbar unverständliche seitliche Diskontinuitäten, in diesem Fall leicht erklärbar durch die Vielgestaltigkeit der norddriftenden Australischen Platte. Es fällt auf, daß die ablaufende Orogenese südvergente Strukturen schuf, obwohl eigentlich nordvergente zu erwarten wären, nochmals ein Hinweis auf Probleme bei der Interpretation älterer tektonischer Ereignisse, bei denen die unmittelbare geographische Anschauung fehlt.

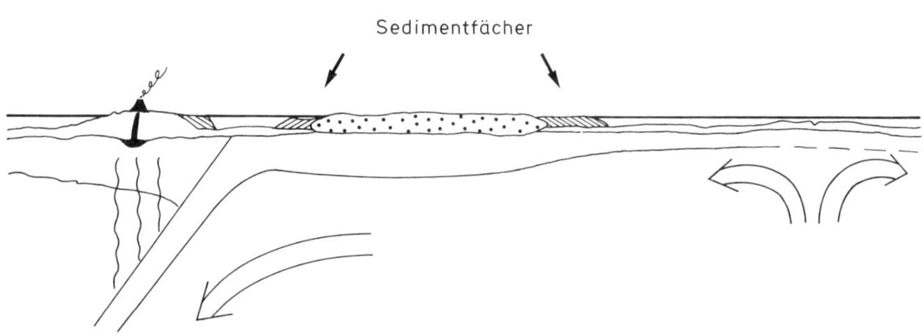

Abb. 6.18 Inselbogen/Kontinent-Kollision kurz vor dem Zusammenstoß. Man beachte, daß die Subduktionszone in anderer Richtung einfällt, als es bei einem Inselbogen/Randmeer/Kontinent-System der Fall wäre.

6.2.6 Exotic terranes/Kontinent-Kollision

Dieser Fall, typisch entwickelt, wie wir später sehen werden, an der nordamerikanischen Pazifik-Küste, ähnelt den eben beschriebenen Kontinent/Kontinent-Kollisionen insofern, als ihr Baustil nicht durch die Erscheinungen typischer Subduktionszonen beherrscht wird. Es ist nicht immer ein charakteristischer Inselbogen-Mechanismus bekannt, obwohl die dem Kontinent angeschweißten Krusten-Bruchstücke ozeanische Lithosphäre als Träger benutzt haben müssen, die – weil nur in schmalen Resten zu finden – teilweise subduziert worden ist. Die einzelnen Bruchstücke sind, sofern sie kontinental sind, oft deformiert und metamorph. Diese orogenen Prägungen entstanden aber weitgehend schon im Herkunftsgebiet der Schollen. Sie passen daher nicht in ein einheitliches Konzept eines orogenen Zyklus. Gerade dies ist ja einer der Gründe, Terranes (siehe Kap. 7) von einander abzugrenzen und sie als allochthon zu bezeichnen.

6.2.7 Zusammenfassung

Gebirge können in unmittelbarem Zusammenhang mit plattentektonischen Vorgängen auf vielerlei Weise entstehen. Sie bilden sich stets in Kollisionszonen zweier oder mehrerer Platten. Je mehr kontinentale Kruste daran beteiligt ist, umso stärker sind Verformung und Metamorphose und umso geringer ist der Anteil magmatischer Gesteine und Inselbögen am Aufbau des Orogens.

Abb. 6.19 Ein Beleg für die geringe Verformung und Metamorphose in Kollisionsorogenen vom Andinen Typ. „Portada“ (Pliozäne Schalensande) nördlich von Antofagasta, Nord-Chile. Jurassische Effusivgesteine (im Vordergrund, dunkel) sind fast unverformt und weisen keine orogen bedingte Metamorphose auf. Auch die vertikalen Bewegungen sind hier so gering, daß dieselbe pliozäne Abrasionsfläche heute wieder in Meeresniveau liegt.

In diesem Sinn können zwei Haupttypen von Orogenen unterschieden werden: ein **Andiner Typ,** charakterisiert durch sehr große Mengen plutonischer und vulkanischer Gesteine, geringen Verformungsgrad und eher schwache Metamorphose (Abb. 6.19), und ein **Alpiner Typ,** charakterisiert durch das Überwiegen von Sedimentgesteinen teils starker metamorpher Überprägung, starke Verformung bis hin zur Bildung von Ferndecken, und eher zurücktretende magmatische Tätigkeit.

Der Andine Typ ist an Ozean/Kontinent-Kollisionen gebunden, der Alpine Typ an Kontinent/Ozean/Kontinent-Kollisionen.

6.3 Besondere Fälle von Gebirgsbildung

Orogene im Sinne der Plattentektonik sind an Plattenkollisionen gebunden. Sie liegen üblicherweise an destruktiven Plattengrenzen, das heißt an Subduktionszonen. Es gibt aber Orogene, bei denen gar keine oder jedenfalls nur untypische Subduktionszonen zu finden sind. Anzeichen für charakteristische Back-arc basins oder Fore-arc basins als Sedimentationsgebiete fehlen ebenfalls wie Inselbögen.

Oft sind in solchen Orogenen parallel- oder fast parallelscharige, horizontale oder sehr flach liegende Scherzonen im kontinentalen Untergrund bekannt. Sie können als Beweis dafür genommen werden, daß hier intensive Verformung stattfand, ohne daß eigentliche Subduktion wirksam war, und ohne daß ozeanische Kruste an der Gebirgsbildung mitwirkte. Man hat solche Fälle auch als **A-Subduktion** (nach AMPFERER) der üblichen **B-Subduktion** (nach BENIOFF) gegenübergestellt. Anstelle der nicht nachweisbaren Subduktion mit ihrer wesentlichen vertikalen Komponente wird dann auch das Wort **Subfluenz** verwendet, in Anlehnung an den Begriff „Unterströmung" bei AMPFERER und KRAUS. Andererseits kann auch argumentiert werden, hier lägen sehr tiefe Krustenstockwerke vor, obduzierte ozeanische Kruste und Subduktionszonen-typische Akkretionskeile sedimentären Materials seien eben schon durch die Erosion entfernt worden. Diese Ansicht wird vor allem für alte präkambrische Schildregionen vertreten.

Doch gibt es auch in jüngeren Gebirgen, etwa im Rheinischen Schiefergebirge und in den Ardennen, wo die oberste Krustenlage mit dem Großteil der Sedimentgesteine erhalten ist, Orogenese ohne sichtbare Reste ozeanischer Beeinflussung. Jüngste Kartierungen haben gezeigt, daß „nahezu horizontale" Überschiebungen nicht selten sind. Handelt es sich bei diesen Scherbewegungen um Fernwirkungen einer weiter südlich gelegenen Plattenkollision?

Noch schärfer ausgeprägte flache Scherzonen, die erhebliche Krustenverdickung mit sich brachten, wurden aus dem Kambrium des nordwest-argentinischen Grundgebirges der Anden beschrieben. Die mächtigen Sedimentgesteine des höchsten Präkambriums und Unterkambriums sind dort rein terrigener Herkunft und wurden auf einem passiven Kontinentrand abgelagert, bevor sie lebhaft gefaltet wurden. Strömungen in der Asthenosphäre als Antriebsmotor für Verformungen in der Erdkruste scheinen also nicht immer nur die klassischen Strukturen der Plattentektonik zu erzeugen. Wir kommen auf dieses Thema zurück, wenn wir die Dynamik der Plattenbewegung besprechen.

Ein Sonderfall in den Faltengebirgen der Erde sind die sogenannten **Aulakogene** (= Furchengebirge, wenn man wörtlich übersetzt). Man versteht darunter schmale, kurze Gebirgszüge, die meist einige 1000 m Sedimentgesteine enthalten und arm an Magmatiten sind. Sie kommen häufig auf Kontinenten in der Nähe von Ozeanen vor. Ein typisches Beispiel ist die Sierra de la Ventana (? Devon-Perm) an der argentinischen Atlantikküste, ein anderes die Sierra Madre (Jura) in Mexiko. Wahrscheinlich hat man sich diese Strukturen als Folgen einer Art Ausgleichsbewegung am Rand globaler Dehnungszonen (Atlantik in den zitierten Fällen) vorzustellen. Der Ausdruck wird heute nicht mehr viel gebraucht.

Man hat tektonische Vorgänge innerhalb von Platten auch als **Intraplatten-Tektonik** zusammengefaßt. Dieser Begriff korrespondiert gut mit dem des Intraplatten-Magmatismus, der häufig gebraucht wird, etwa in der Bezeichnung Within plate basalt (vgl. S. 73).

Weiterführende Schriften

Dewey, J.F. & Bird, J.M. (1970): Mountain Belts and the New Global Tectonics. – J. Geophys. Res., **75:** 2625–2647; Richmond, Virg.

Smith, A.G. (1976): Plate tectonics and orogeny: a review. – Tectonophysics, **33:** 215–285; Amsterdam.

7 Mikroplatten und Exotic terranes

7.1 Marine Kleinplatten und Inselbögen

In Kapitel 4.6 hatten wir 7 große und 5 kleine Lithosphärenplatten ausführlich beschrieben. Es existieren darüber hinaus aber viele kleine Plattengebilde, wenn wir Platten als Einheiten betrachten, die von Sea-floor spreading-Zentren ausgehen, von Subduktionszonen gegenüber und von Transform faults auf beiden Seiten begrenzt werden.

In gewissem Sinn ist jede komplizierter gebaute Subduktionszone, die ein typisches Back-arc basin mit eigenem aktivem Rücken aufweist, eine kleine Platte. Doch pflegt man sie in der Regel nicht getrennt von der Gesamtsituation als Begrenzung zweier echter Großplatten zu betrachten und somit nicht gesondert zu benennen. Anders ist es, wenn eine solche Struktur von Transform faults begrenzt mitten in einer großen Platte auftaucht, wie etwa in den besonders typischen Fällen der **Süd-Shetland-Kleinplatte** (Abb. 4.11—4.15) vor der Antarktischen Halbinsel oder der jungen **Süd-Sandwich-Platte** (Abb. 6.1) am Ostende der Drake-Platte.

7.2 Kontinentale Kleinplatten

Oft glaubt man Grund zur Annahme zu haben, Teile eines auf den ersten Blick einheitlichen Kontinentes seien aus mehreren, gegeneinander verdrehten und verschobenen Mikroplatten zusammengesetzt. Manche solche **kontinentale Kleinplatten** haben wir schon kennengelernt, beispielsweise die Adria-Platte als wichtigen Teil des Sedimentationsraumes der Alpen. Ganz China und Südostasien wird heute als Mosaik derartiger Platten angesehen (Abb. 7.1). Ein anderes Beispiel ist die Westantarktis. Hier wurden bis zu fünf Kleinplatten unterschieden, die im Verlauf der Erdgeschichte mannigfach bewegt wurden, bis sie ihre heutige Lage erreichten: Antarktische Halbinsel, Marie-Byrd-Land, Ellsworth-Land, Ellsworth-Thiel-Berge, Weddell-Platte. Begründet wurde diese Aufteilung und Verschiebung mit Schwierigkeiten bei der Rekonstruktion Gondwanas im Raum Westantarktis/Südamerika/Afrika und mit Hinweisen aus paläomagnetischen Messungen. Mittlerweile hat sich herausgestellt, daß eine im wesentlichen der heutigen Situation entsprechende Lage der einzelnen Gebiete seit ihrer Entstehung eher wahrscheinlich ist.

Solche intrakontinentalen Dreh- und Verschiebungsbewegungen sind vor allem mit Hilfe paläomagnetischer Messungen entdeckt oder auch widerlegt worden.

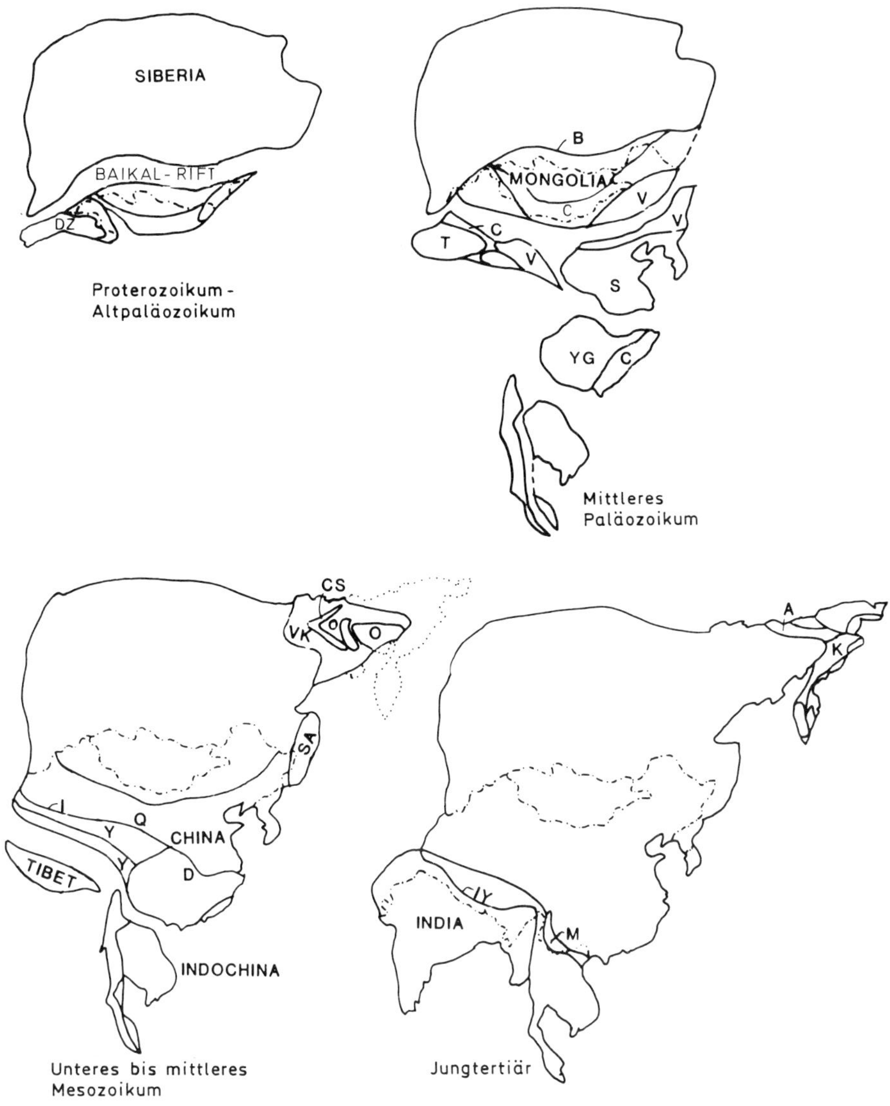

Abb. 7.1 Akkretionsgeschichte Chinas und Südostasiens von der Wende Präkambrium/Altpaläozoikum bis heute. Asien bestand zunächst fast ausschließlich aus dem Sibirischen Block. Indien erreichte den Kontinent erst im Tertiär.
Die Buchstaben bedeuten: A = Süd-Anyui; B = Baikal-Suturzone; C = Kaledonische Faltengürtel; CS = Cherskiy-terrane; DZ = Dzungaria; I = Indosiniden-Suturzonen; IY = Indus-Yaluzangbu-Suturzone; K = Koryak-Hochland; M = Mekong-Faltengürtel; O = Omolon-terrane; Q-D = Quilian-Dabie-Shan-Suturzone; S = Sino-Korea; SA = Sikhote Alin; T = Tarim; V = Variszische Faltengürtel; VK = Verkhoyansk-Faltengürtel; Y = Yenshaniden-Faltengürtel; YG = Yangtze. – Der größere Teil der jetzt vereinigten Landmasse ist kontinentalen Ursprungs und stammt letztlich von Gondwana ab. (Aus Schermer et al. 1986, Abb. 5), mit Erl. nachgedr.: Ann. Rev. Earth a. Planet. Sc. **12**, © 1984; Annual Reviews Inc.)

7.3 Exotic terranes

Wir haben am Beispiel Südostasiens gesehen, daß Kontinente wachsen können, indem Stücke kontinentaler Kruste im Rahmen der Plattenbewegung auf andere Kontinente stoßen. Ein anschauliches Beispiel ist „Gondwana"-Indien, das durch den Tethys-Ozean hindurch nach Norden driftete und heute ein Teil des asiatischen Kontinentes ist. Für den Iran gilt ähnliches. Am Beispiel Indien ist gut zu sehen, daß solch von fern her angereister Kontinent sich in seinem Gesteinsbestand, in seiner ganzen erdgeschichtlichen Entwicklung und in seiner paläomagnetischen Prägung ganz wesentlich vom Kontinent unterscheidet, an den er angeschweißt wurde. Die Suturzonen solcher Zusammenstöße sind meist sehr vielfältig zusammengesetzt: Selbst im einfachsten Fall treffen Magmatischer Bogen und Akkretionskeil des einen Kontinentes mit Resten ozeanischer Kruste, beladen mit Sedimenten des passiven Randes des herandriftenden Kontinentes und natürlich mit ihm selbst zusammen (Abb. 6.7, 6.9, 6.10). Ist die herandriftende Platte selbst komplett aufgebaut, wie im Fall des Nordrandes der Afrikanischen Platte im Mesozoikum, so entstehen Gebirge von sehr kompliziertem Bau, wie wir sie in Kapitel 6.2.4 ausführlich behandelt haben.

Die Begriffe **Terranes** und **Exotic, Allochthonous** oder **Accretionary terranes** wurden aber anderswo, nämlich in Nordamerika geprägt.

Zunächst bedeutet Terrane (vom französisch-englischen Wort „terrain" auf eine zumindest dem Autor historisch nicht ganz klare Weise abgeleitet) nur, daß stratigraphisch und strukturell von einander abgegrenzte geologische Einheiten unvermittelt nebeneinander liegen. Sie sind jeweils charakterisiert durch eine geologische Geschichte, die von der der benachbarten Terranes abweicht.

Solche Gebiete unterscheiden sich oft paläoklimatisch, paläobiogeographisch, paläomagnetisch und strukturell so stark voneinander und von einem größeren Kontinent im Hintergrund, daß sie ihm gegenüber exotisch wirken und allochthone Herkunft signalisieren. Manchmal können Terranes auch selbst schon aus mehreren Einheiten bestehen (**Composite terranes**), bevor sie einem großen Kontinent angeschweißt werden.

An der Pazifikküste Nordamerikas sind über 200 Terranes unterschieden worden; allein Alaska soll zu 95 % aus solchen allochthonen Spänen zusammengesetzt sein. Sie bestehen aus mannigfachen Teilen von Inselbögen, Ozeanböden, Sea mounts, Kontinentalhang-Sedimenten und Bruchstücken von Kontinenten.

Es war schon lange bekannt, daß ozeanische Kruste manchmal nicht voll in den Subduktionsprozeß einbezogen wird, sondern dem Kontinent an- oder aufgelagert, obduziert wird. Bei diesen Spänen ozeanischer Kruste mag es sich oft um Material handeln, das zunächst in den Akkretionskeil geriet und später mit dessen Sedimentgesteinen bzw. Metamorphiten herausgehoben wurde. Auch ein unmittelbares Anschweißen an den Kontinent ist durchaus leicht zu verstehen. Ozeanische Kruste ist beispielsweise am Westrand von Ecuador, Kolumbien und dem südlichen Mittelamerika als **Basic igneous complex (BIC)** an die Amerika-Platte angesetzt worden.

Ähnliches gilt für das Eingliedern von Inselbögen in den Kontinent. Sie sind häufig an Subduktionszonen vorhanden, ragen viele Kilometer vom ozeanischen

Meeresboden auf, bestehen teils aus intermediärem bis saurem, also leichtem Material und mögen daher ihrer vollständigen Subduktion Widerstand entgegensetzen.

Da an Subduktionszonen ständig ozeanische Kruste samt auflagernden Tiefseesedimenten dem Kontinent zugeführt wird, erstaunt es nicht, wenn sie manchmal dort sichtbar bleibt und den Kontinent vergrößern hilft. Die meisten Exotic terranes Nordamerikas sind ozeanischen Ursprungs. Eine Anschauung über *ozeanische* Strukturen, die die Aussicht haben, in wenigen Millionen Jahren an den südamerikanischen Kontinent angeschweißt und zu **Accreted terranes** zu werden, falls sie für die Subduktion zu leicht oder zu dick sind, gibt Abb. 7.2.

Schwieriger ist das Auftreten von Fragmenten *kontinentaler* Kruste als Allochthonous terranes zu erklären. Sie können nur auf zwei Arten einer Subduktionszone zugetragen und damit anderen Platten randlich einverleibt werden:

Erstens, wenn ein aktiver ozeanischer Rücken gewissermaßen „hinter" ihnen entstand, einen Teilbereich eines größeren Kontinentes abspaltend (Beispiel: Indien von Gondwana).

Zweitens, wenn Späne kontinentaler Kruste an lange Zeit aktiven, randlich einen Kontinent durchsetzenden Transform faults absplittern und längs zur generellen Richtung des Kontinentrandes verschoben werden (Beispiel: San-Andreas-Störung). Am Westrand Südamerikas mit seiner besonders kontinuierlichen Subduktion pazifischen Ozeanbodens dürfte es schwer sein, von jenseits des Pazifiks stammende Kontinentfragmente zu finden, zumal hier seit langer Zeit kontinuierlich Subduktion frischer pazifischer Ozeankruste vor sich geht und auf der westlichen Pazifikseite den Kontinenten Australien oder Asien kein Stück fehlt, wie das andererseits im Falle der Loslösung Indiens und Australiens von Antarktika der Fall ist.

Versuche, im Südteil Südamerikas Fragmente kontinentaler Kruste als Exotic terranes zu erkennen (z.B. Madre-de-Dios-Archipel, Arequipa-Massiv, „Chilenia", Famatina-Komplex) müssen deshalb danach beurteilt werden, ob sie die Herkunft dieser Kontinentsplitter befriedigend erklären können (Abb. 7.3). Die Rolle Kontinentrand-paralleler Verschiebungen ist in dieser Hinsicht noch zu wenig untersucht. Verwerfungen wie der Atacama-Störung in Nordchile oder der Periadriatischen Naht in den Südalpen wurden früher oft Hunderte, ja Tausende von Kilometern Verschiebungsweite zugesprochen, während sie heute eher als Vertikalverschiebungen oder wesentlich weniger weite Blattverschiebungen gedeutet werden.

Sehr zahlreich sind allochthone Blöcke innerhalb der südeuropäisch-südasiatischen Gebirge beschrieben worden: Iran und Indien, Nord- und Süd-Tibet sowie Teile Hinterindiens und Chinas. Wahrscheinlich gehörten sie irgendwie zu Gondwana. Genauere Aussagen darüber sind schwierig, da die Aufspaltungsprozesse am Tethysrand Gondwanas anscheinend sehr viel komplexer waren als am Pazifikrand, wo Südamerika, Antarktika und Australien recht „wohlgeordnet" zum Pazifik hin abgetrieben wurden, wobei sie zudem bisher mit keinem größeren Kontinent kollidierten.

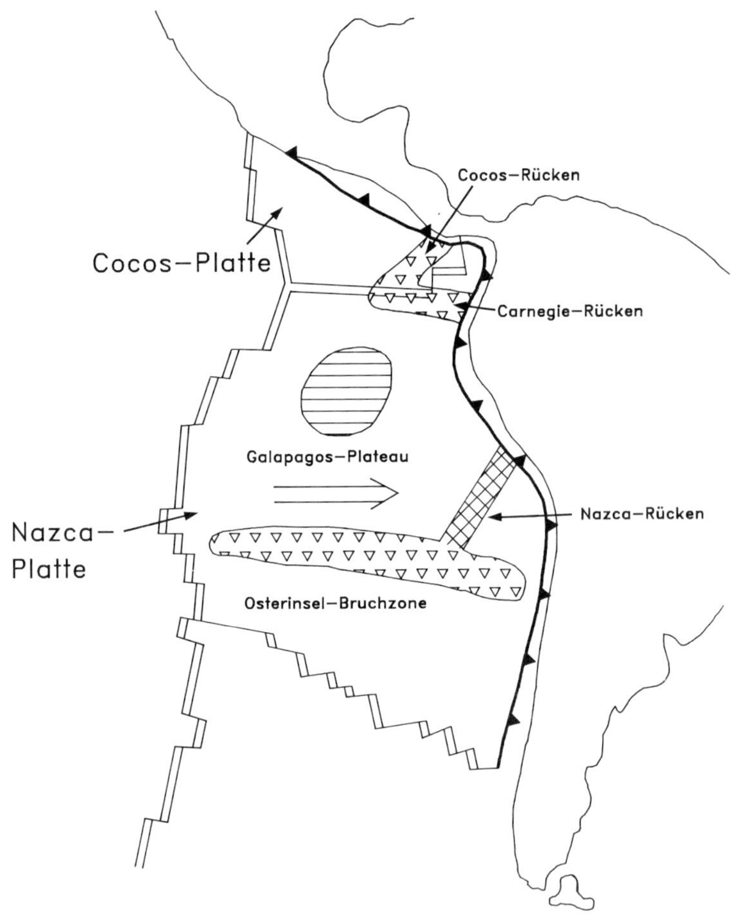

Abb. 7.2 Strukturen im Ostpazifik vor der südamerikanischen Küste, die unter Umständen, statt subduziert zu werden, als allochthone Terranes den südamerikanischen Kontinent vergrößern könnten. Dreiecke: Ozeanische Inselreihen und erdbebenfreie Rücken; horizontal schraffiert: Ozeanische Plateaus; kreuzschraffiert: mächtige ozeanische Kruste von Kontinent-ähnlichem Charakter. Große Teile des westlichen Nordamerika, insbesondere Alaskas, bestehen schon aus solchen Terranes.

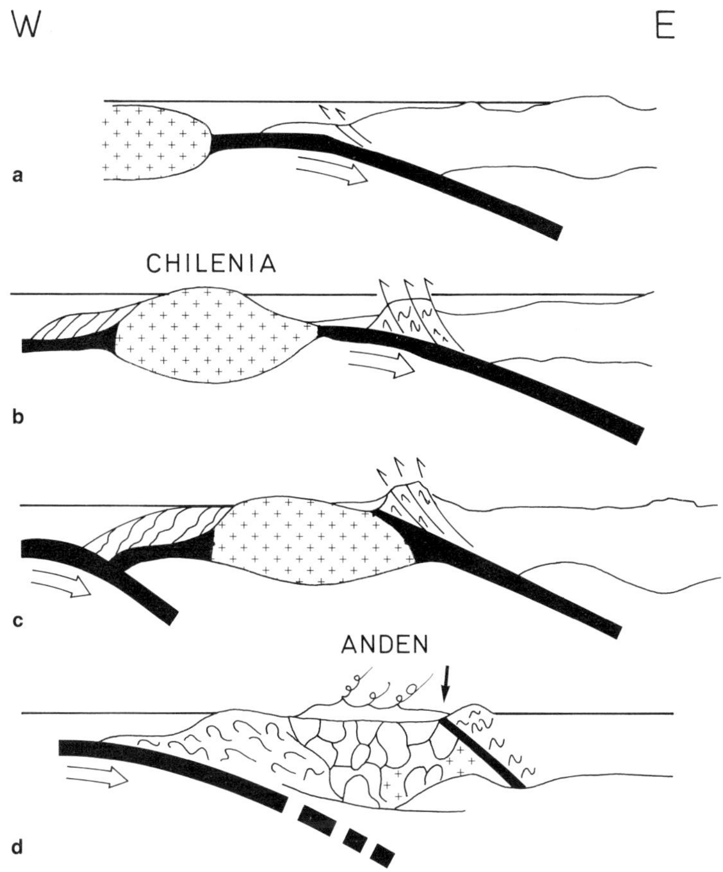

Abb. 7.3 a–d Die Annahme der westwärtigen Herkunft eines hypothetischen Terranes „Chilenia" als Ursache paläozoischer Kollisionstektonik in Westargentinien. Die vier Profile zeigen Momentaufnahmen von der Ordovizium/Silur-Grenze (oben) bis zum Perm (unten). Schwarz: ozeanische Kruste (der ausgefüllte Pfeil in **d** weist auf die Aufschlußreihe von Abb. 6.3). Die kontinentale Kruste von „Chilenia" wird im Jungpaläozoikum fast vollständig umgeschmolzen und ist heute nur mehr aus ihren granitischen und vulkanischen Produkten zu folgern. – Das Bild entspricht in etwa dem der Kollisionstektonik Indiens mit Asien in jüngerer Zeit. Problematisch und auf der Abbildung nicht gezeigt sind die „treibende Kraft" des herandriftenden Mikrokontinents, nämlich eine hinter ihm zu fordernde ozeanische Spaltenzone, sowie der größere Kontinent, von dem Chilenia stammen könnte. Kann ein Kontinent über einen Mittelozeanischen Rücken hinwegwandern? (Nach Ramos et al. 1984, Abb. 13, auszugsweise und umgezeichnet).

Der Terrane-Begriff ist erst Anfang der achtziger Jahre entstanden; es ist rasch modern geworden, nach ihnen allüberall zu suchen. Manches sogenannte **Suspect terrane** wird sich im Lauf der Jahre als echt exotisch oder aber auch als bodenständig erweisen. Eine festgelegte begriffliche Abgrenzung zwischen Terranes und Mikrokontinenten, Teilkontinenten oder Kleinplatten gibt es bisher nicht. Die Nomenklatur ist noch sehr im Fluß.

Weiterführende Schriften

Ben-Avraham, Z., Nur, A., Jones, D. & Cox, A. (1981): Continental accretion: From oceanic plateaus to allochthonous terranes. – Science, **213**: 47–54; Washington, D.C.

8 Magmenentstehung, Hot spots und Mantle plumes

8.1 Entstehung von Magmen

Wir haben mehrfach über die große Bedeutung magmatischer Vorgänge in der Plattentektonik gesprochen. Es gibt mehrere Möglichkeiten, festes Gestein, das sich im Erdinnern nahe seinem Schmelzpunkt befindet, in flüssiges, intrusions- oder effusionsfähiges **Magma** überzuführen: Zufuhr von Wärme, Druckentlastung, Zufuhr von Wasser oder anderen Flußmitteln (sogenannten „fluiden Phasen"), Krustenverdickung.

Die **Zufuhr von Wärme** kann durch Wärmeleitung und durch Konvektion erfolgen. Zwar ist ein wesentlicher Teil des Wärmeflusses in Kontinenten auf die beim Zerfall radioaktiver Elemente wie Uran, Thorium und ^{40}Kalium entstehende Wärme zurückzuführen. Da diese Elemente in ozeanischer Kruste fast fehlen, der Wärmefluß in Ozeanen aber etwa ebenso hoch ist wie in Kontinenten, muß dort ein höherer Wärmestrom aus dem Mantel nach oben steigen als dies im Durchschnitt unter den Kontinenten der Fall ist. Die Plattentektonik nennt zwei Arten des konzentrierten Aufstiegs von Wärme aus dem Mantel: **Hot spots** und **Mantle plumes**.

Druckentlastung erfolgt im Erdinnern vor allem in regionalen und globalen Spaltenzonen. Sie wird schon durch das einfache Aufsteigen von Mantelgestein erzeugt, da damit ja eine Verminderung des darüber lastenden Drucks verbunden ist. Druckentlastung führt bei trockenen Schmelzen, d.h. wenn kein Wasser im Magma bzw. Gestein enthalten ist, zur Schmelzpunkt-Erniedrigung. Unkontaminiertes Mantelgestein enthält in der Regel kaum Wasser, kann beim Aufsteigen oder durch eine andere Form der Druckentlastung daher flüssig werden und bis zum Austritt auf die Erdoberfläche flüssig bleiben. Das unterschiedliche Schmelzverhalten H_2O-führender und H_2O-freier Gesteine führt zum bekannten Unterschied in der Häufigkeit saurer (SiO_2- und H_2O-reicher, „granitoider") Gesteine als in der Kruste steckenbleibende **Plutone** einerseits, und dem andererseits meist effusiven, vulkanischen Auftreten SiO_2- und H_2O-armer basaltischer Magmen. Diese bleiben bei der Druckentlastung während ihres Aufstiegs flüssig, jene erstarren meist als Granite, bevor sie die Erdoberfläche erreichen.

Das Schmelzen von Gestein durch Zufuhr von **wässrigen Lösungen** in Dampfform haben wir bei der Besprechung der Subduktionszonen kennengelernt: Die Sedimente des Akkretionskeils und des Meeresbodens, aber auch die anderen Teile der ozeanischen Kruste enthalten freies und gebundenes Wasser, das bei Erreichen größerer Tiefe ausgetrieben wird und nach oben wandert. Auch innerhalb der kontinentalen Erdkruste kann beweglicher Wasserdampf entstehen, dann nämlich, wenn (OH)-haltige Minerale wie Glimmer und Amphibole in Tiefen versenkt werden, in denen sie instabil sind. Dabei entstehen wasserfreie Gesteine wie Granulite oder Eklogite; das freiwerdende Wasser kann andererseits zur Entstehung von Magmen führen.

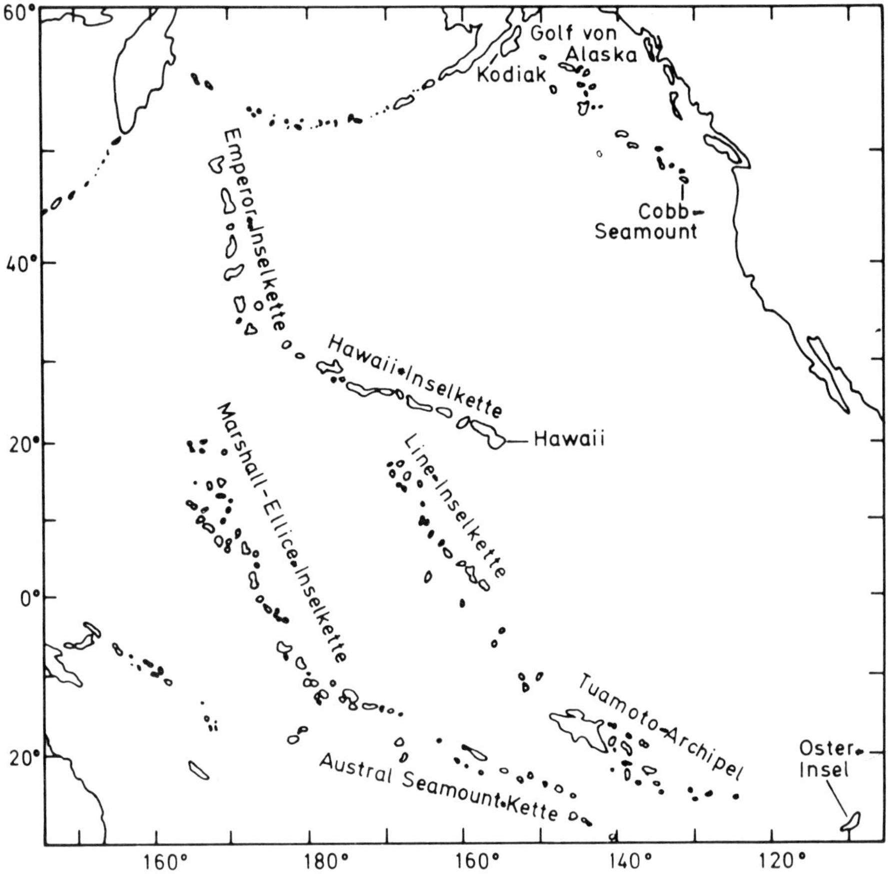

Abb. 8.1 Die Karte des Pazifischen Ozeans zeigt, daß die meisten vulkanischen Inseln in Reihen geordnet sind. Ihre Entstehung wird durch das Hinweggleiten der Pazifischen Platte über räumlich konstant liegende Hot spots (heiße Flecken) erklärt. (Nach DALRYMPLE et al. 1973 aus SCHMINCKE 1986, Abb. 5-13).

Eine **Verdopplung der kontinentalen Kruste** durch Kontinent/Kontinent-Kollision kann denselben Effekt haben wie die Versenkung von Krustenteilen in situ und ohne Beteiligung fremden Materials.

Die unmittelbare Zufuhr von Wärme aus der Tiefe des Erdmantels und die Druckentlastung bei Spaltenbildung stehen in Beziehung zueinander. Diesen Erscheinungen sollen eigene Kapitel gewidmet sein.

8.2 Hot spots

Hot spots sind eng begrenzte Stellen auf der Erde, an denen über lange Zeit intensiver Vulkanismus stattfindet. Die deutsche Übersetzung „heiße Flecken" hat sich nicht durchgesetzt.

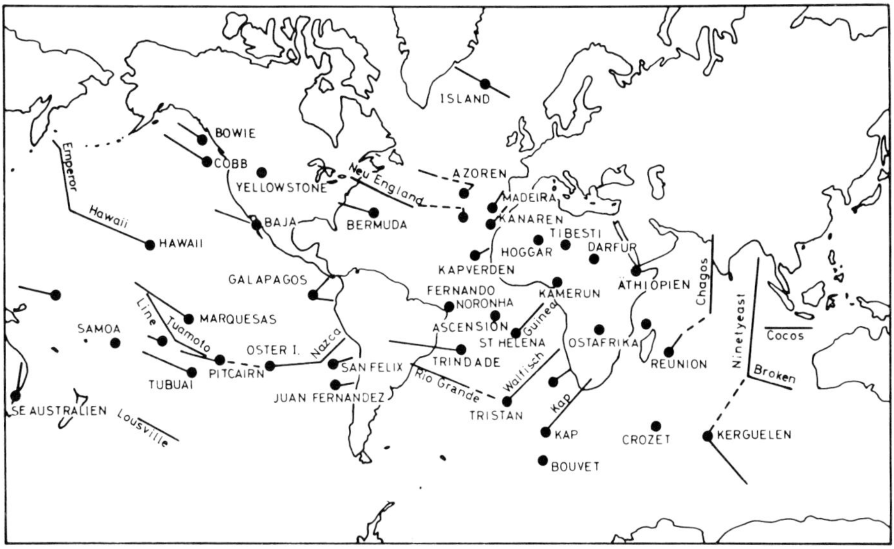

Abb. 8.2 Die weltweite Verbreitung bedeutender Hot spots (dicke Punkte). In den ozeanischen Plattenteilen ist die Wanderbewegung der Platten an den Vulkanreihen (Linien) nachzuvollziehen, die an den heute aktiven Vulkanen enden (vgl. hierzu auch Abb. 8.4). (Nach Crough 1983 – aus Schmincke 1986, Abb. 5-15).

Sie haben primär vielleicht nichts mit Plattentektonik zu tun, doch sind sie gerade durch die plattentektonische Forschung bekannt geworden. Solche Hot spots pflegen nämlich scheinbar zu wandern; die Inseln von Hawaii sind ein gutes Beispiel (Abb. 8.1). Tatsächlich wandert aber nicht die Wärmequelle, sondern die Lithosphärenplatte zieht über sie hinweg (Abb. 8.2). Dies läßt sich leicht daran erkennen, daß das Alter solcher linear angeordneter Vulkane von einem Ende der Vulkanreihe zum anderen mit der Geschwindigkeit der Platte, der sie aufsitzen, korreliert ist. Daraus folgt, daß die Wärmequelle, die zur Schmelzbildung führt, *unter* der betreffenden Lithosphärenplatte beheimatet sein muß. Andererseits kann man, wenn einmal die Hot-spot-Natur einer Vulkanreihe bekannt ist, aus dem Abstand und dem Alter der Vulkane die Plattengeschwindigkeit berechnen (Abb. 8.3).

Man zählt an die vierzig solcher Hot spots auf der Erde; nicht jede Vulkanreihe ist aber darauf zu beziehen. So geht beispielsweise die scheinbare Vulkanreihe Eifel — Vogelsberg — Oberpfalz — Böhmen altersmäßig so durcheinander, daß sie nicht als Hot-spot-Reihe angesprochen werden darf.

Ausgeprägte Hot spots sind außer dem Beispiel Hawaii die Inseln Tristan da Cunha und St. Helena im Südatlantik, die Kap Verde-Inseln und Madeira im Nordatlantik und die Kerguelen-Inseln im Südpolarmeer. Auf den Kontinenten sind das Hoggar-Gebiet in der Sahara und das Yellowstone-Gebiet in Nordamerika als Beispiele zu nennen.

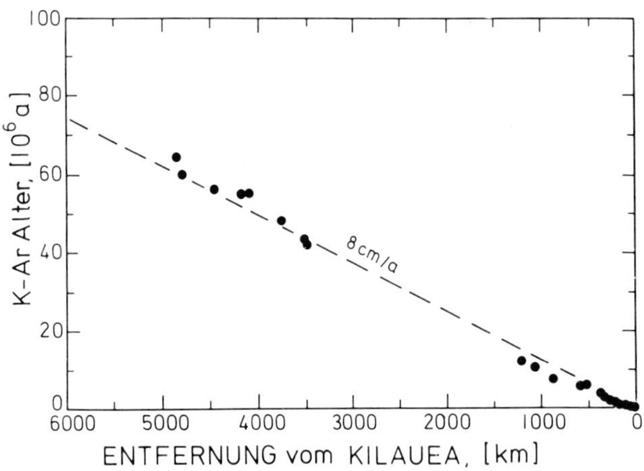

Abb. 8.3 Das Alter der Vulkane auf der Kette der Hawaii- und Emperor-Inseln im Nordpazifik nimmt mit der Entfernung vom Kilauea (Hawaii) regelmäßig zu. Aus Alter und Entfernung läßt sich die durchschnittliche Geschwindigkeit der Plattenbewegung errechnen. (Aus Dalrymple et al. 1980 – aus Schmincke 1986, Abb. 5-14).

8.3 Mantle plumes

Unter **Mantle plumes** (kaum zu übersetzen) versteht man aus tiefen Teilen des Erdmantels aufsteigende Wärme- und Massenströme. Sie werden als unregelmäßig umgrenzt gedacht — wie ein Haufen in leichter Strömung aufsteigender oder „aufwabernder“ Daunenfedern – und sollen letztlich Wärme und Material für die aktiven Spaltensysteme auf Kontinenten und Ozeanen liefern. Ihr Ursprung ist unklar. Bringen sie tatsächlich Gestein basaltischer Zusammensetzung (wie es in den Mittelozeanischen Rücken austritt) aus tiefen Teilen des Erdmantels? Oder liefern sie nur die Energie, um die Konvektionswalzen zu betreiben, die in viel kleinerer Vertikalerstreckung zwischen Subduktionszonen und aktiven ozeanischen Rücken umlaufen? Der Begriff wird teilweise identisch mit dem der Hot spots gebraucht.

Weiterführende Schriften

Wilson, J.T. (1973): Mantle plumes and plate motions. – Tectonophysics, **19**: 149–164; Amsterdam.

9 Plattentektonik und Geosynklinalen

9.1 Einführung

Fast hundert Jahre lang hat der Begriff „**Geosynklinale**" eine große Rolle in der Geotektonik gespielt; JOHN DWIGHT DANA (1813–1895) hatte ihn 1873 geprägt: „Die Bildung der Alleghany-Kette wurde begonnen durch eine langdauernde Senkung – eine Geosynklinale, und durch eine darauf folgende Sedimentanhäufung". Er faßte den Begriff überwiegend beschreibend auf, doch klang in seiner Definition schon an, daß aus Geosynklinalen später Synklinorien würden, Gebirge solcher Vorgeschichte, im Gegensatz zu Antiklinorien, Gebirgen ohne Geosynklinalen als Vorläufer.

STILLE hat diesen genetischen Aspekt fortgeführt, indem er die Geosynklinale als „Mutter der Gebirge" bezeichnete. Er erkannte aber schon, daß es lang anhaltende Senkungszonen gab, aus denen keine Gebirge würden, die **Parageosynklinalen**, und „echte" Geosynklinalen, die er als **Orthogeosynklinalen** bezeichnete. Diese wiederum teilte er in **Eugeosynklinalen**, mächtige, stets Vulkanite führende Tröge, und **Miogeosynklinalen**, geringer mächtige, vulkanitfreie Becken ein; beide sollten meist paarweise gemeinsam vorkommen, die Miogeosynklinale jeweils näher an älteren Kontinenten, die Eugeosynklinalen ozeanwärts gelegen (Abb. 9.1). Diese Ansicht baute später AUBOUIN in seinem letzten Buch noch weiter aus, das noch dazu den Titel „Geosynclines" trug. Vorher gab es viele Versuche, Sedimentbecken zu klassifizieren und mit Namen zu versehen, die auf „...-geosynklinale" endeten (Abb. 9.2). Teilweise waren darin auch genetische

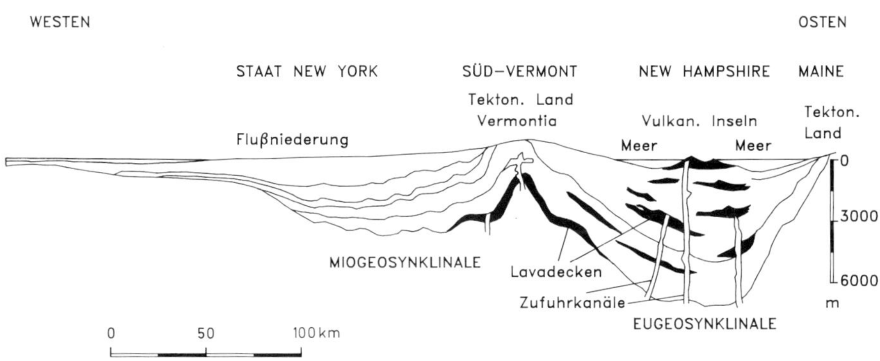

Abb. 9.1 Das seit STILLE klassische Paar Miogeosynklinale/Eugeosynklinale, hier gezeigt am Beispiel eines rückgeformten Profils durch das Kambro-Ordovizium der Appalachen in Nordamerika. Charakteristisch sind die größere Mächtigkeit und der Vulkanismus der Eugeosynklinale und die Schwelle, die beide Tröge trennt. (Nach KAY 1951, Taf. 9, vereinfacht).

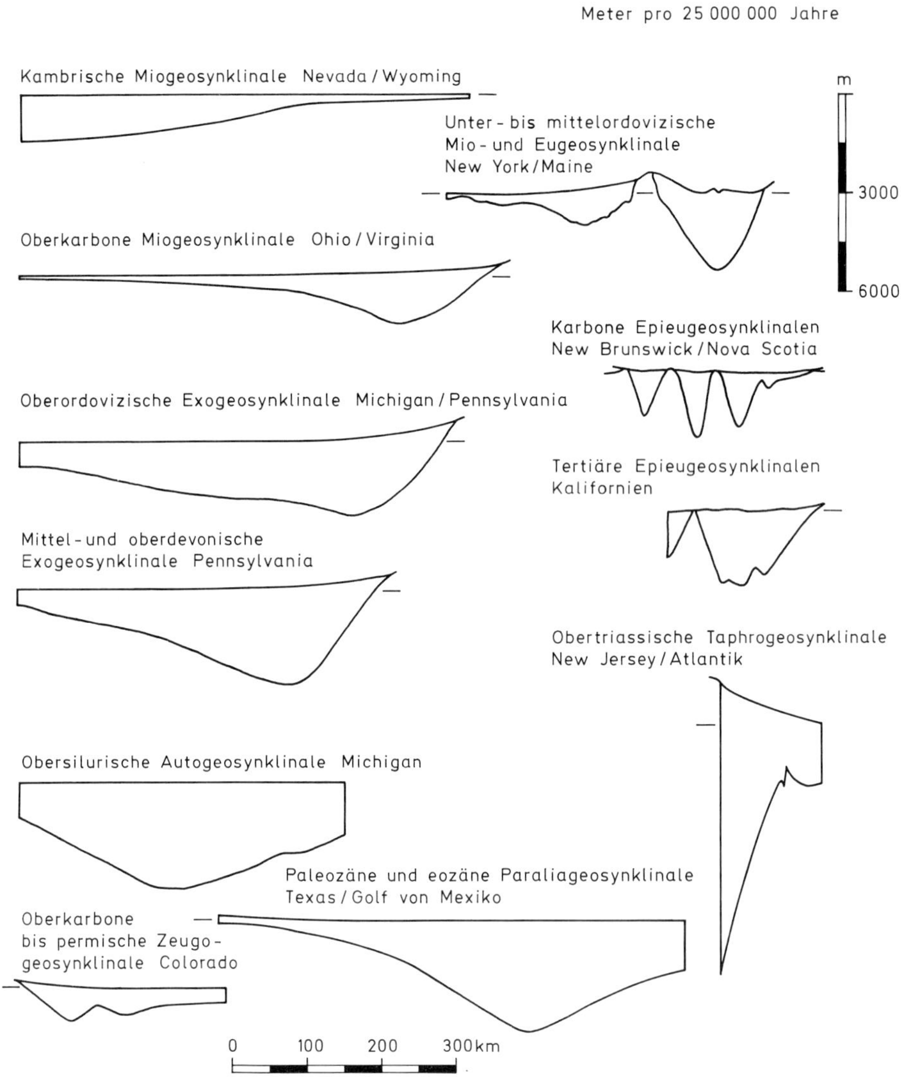

Abb. 9.2 Schematisierte Querschnitte von nordamerikanischen Geosynklinalen, hier nicht in Mächtigkeiten, sondern in Senkungsraten (Mächtigkeitszuwachs pro 25 Millionen Jahre) dargestellt. (Aus Kay 1951, Abb. 20).

Konzepte enthalten: z.B. Taphrogeosynklinale für grabenartige Tröge oder Epieugeosynklinale für Gräben auf ehemaligen Eugeosynklinalen, meist waren sie aber eher rein geometrisch definiert.

Da die Plattentektonik wesentlich auch eine Gebirgsbildungstheorie ist, und Orogene nun einmal in aller Regel mit einem sediment- oder vulkanitgefüllten Senkungsgebiet beginnen, konnte es nicht ausbleiben, daß die plattentektonische Nomenklatur sich dieser Becken annahm. Während die wirkliche geologische Ur-

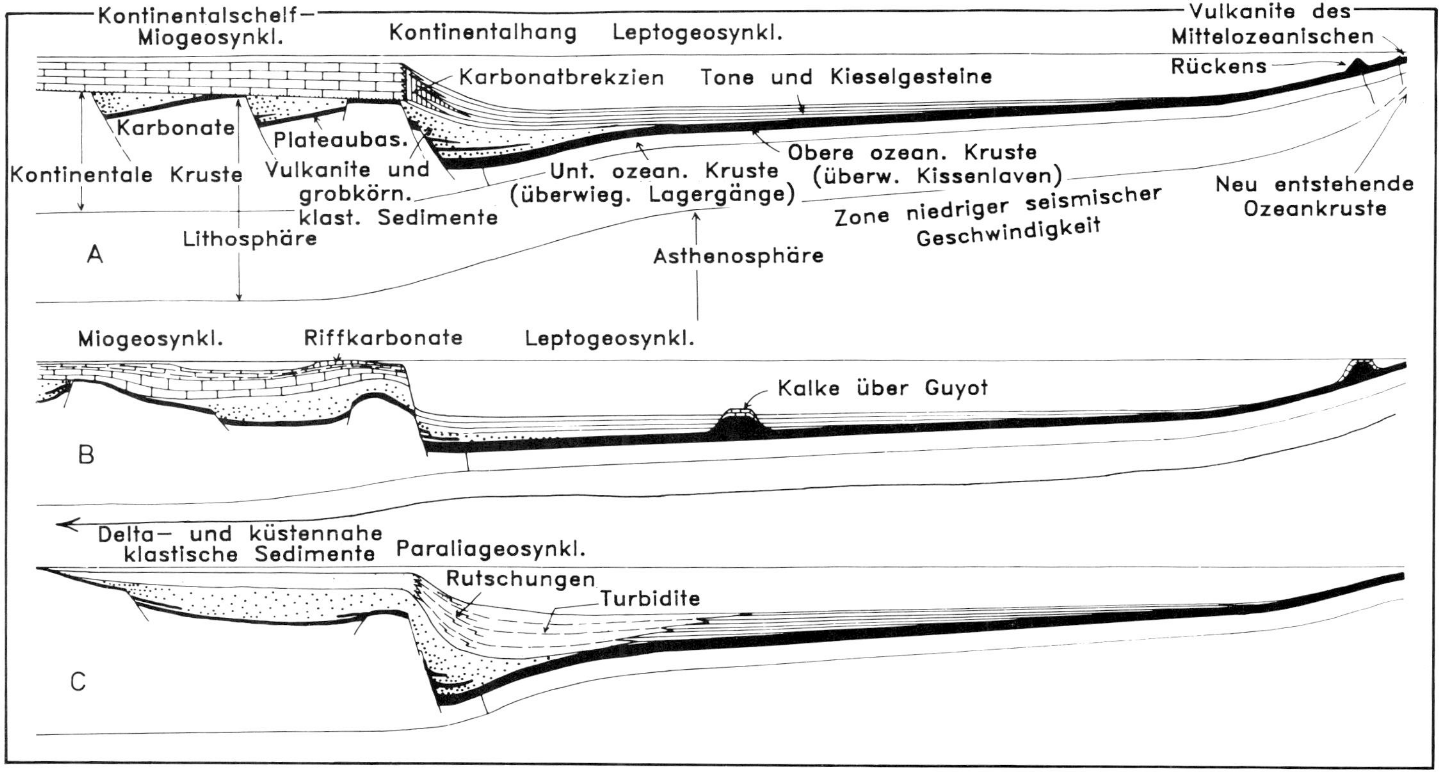

Abb. 9.3 Ein Versuch, die mehr deskriptive als genetische Klassifikation der Geosynklinalen in das genetisch-interpretative Schema der Plattentektonik zu übertragen, hier für passive Kontinentränder (Atlantik-Typ) und expandierende Ozeane. Die in Profil C als Paraliageosynklinale bezeichnete Situation kann auch als Mio-/Eugeosynklinal-Paar aufgefaßt werden. (Aus Dewey & Bird 1970, Abb. 3).

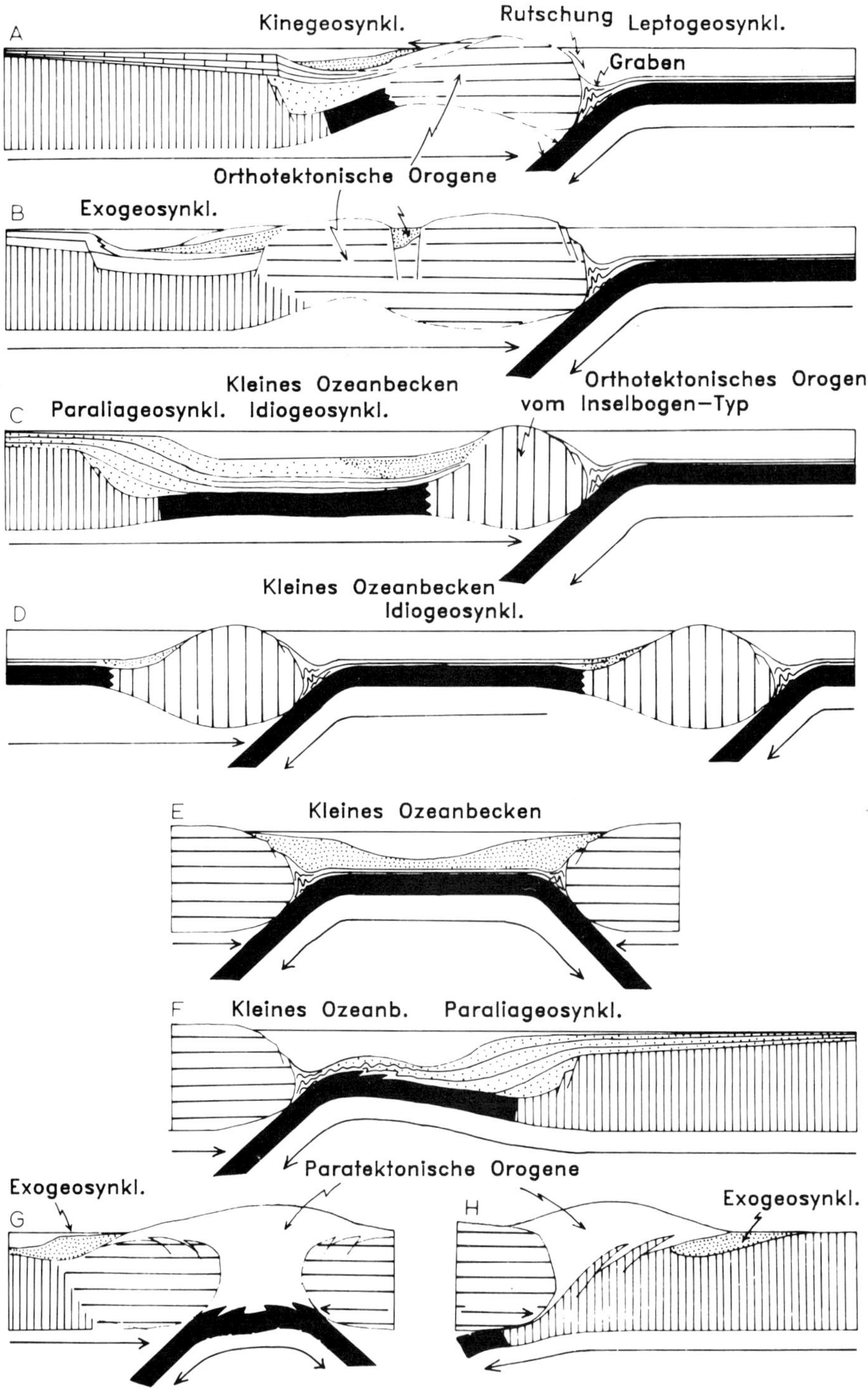
A
Kinegeosynkl.
Rutschung
Leptogeosynkl.
Graben
Orthotektonische Orogene
B
Exogeosynkl.
Kleines Ozeanbecken
C
Paraliageosynkl.
Idiogeosynkl.
Orthotektonisches Orogen vom Inselbogen-Typ
Kleines Ozeanbecken
Idiogeosynkl.
D
E
Kleines Ozeanbecken
F
Kleines Ozeanb.
Paraliageosynkl.
Paratektonische Orogene
Exogeosynkl.
G
H
Exogeosynkl.

sache für die Bildung von Geosynklinalen alter Nomenklatur nur unsicher bekannt war, entwickelte die Plattentektonik für die Sedimentbecken genetisch voll begründete Namen, die sehr rasch den Begriff Geosynklinale mit allen ihren Präfixen aus dem Sprachgebrauch verdrängten. Manchmal wurde er geradezu als falsch bezeichnet. Man sollte meinen, überwiegend deskriptive Begriffe wie Geosynklinale würden Revolutionen genetischer Anschauungen überdauern, da sie bei Änderung genetischer Konzepte eben nicht gleichfalls geändert werden müßten. Dies trifft in diesem Fall nicht zu. Bis zum Aufkommen der Plattentektonik wurden regionale Becken, wenn sie Orogenen vorausgingen, fast ausnahmslos als ...-Geosynklinale bezeichnet; diese Übung hörte in den siebziger Jahren fast schlagartig auf. Dies mag darin begründet sein, daß die Plattentektonik überwiegend an rezenten oder doch sehr jungen geologischen Erscheinungen und Vorgängen erkannt und begründet wurde, der Begriff der Geosynklinale aber fast ausschließlich an „fossilen", orogen überprägten Becken, deren genetische Zusammenhänge nicht so klar zu Tage liegen wie es bei den geologischen Einheiten der Plattentektonik der Fall ist.

Die Abb. 9.3 und 9.4 zeigen frühe Versuche, die Geosynklinal-Nomenklatur im einzelnen auf das plattentektonische Konzept zu übertragen. Wegen der großen Bedeutung der Geosynklinalen in der älteren Literatur sollen im folgenden beide Nomenklaturen zusammenfassend verglichen und typisiert werden.

9.2 Geosynklinalen an destruktiven Plattenrändern

Sie entsprechen am ehesten dem einfachen Schema des Eugeosynklinal-Miogeosynklinal-Paares aus der Literatur der vierziger und fünfziger Jahre. Dabei entspricht die Miogeosynklinale dem kontinentwärtigen Teil, der stark von terrigenen Sedimenten sowie Karbonat- und Salinarplattformen geprägt ist, die Eugeosynklinale dagegen dem ozeanwärtigen Teil mit Inselbogen-Magmatismus, ozeanischen Spalten und obduzierten Schuppen ozeanischer Kruste.

Wir haben bei der Besprechung der destruktiven Plattengrenzen einfache Subduktionszonen von solchen mit ausgeprägter Gliederung in Fore-arc basin, Inselbogen und Back-arc basin unterschieden. Dieser Unterschied war schon Aubouin aufgefallen. Er hatte versucht, der Sonderrolle der mesozoischen bis känozoischen Anden dadurch Rechnung zu tragen, daß er für sie den Begriff der Liminäre erfand. Dieses Wort sollte sich gegenüber der zur gleichen Zeit entstehenden plattentektonischen Nomenklatur nicht mehr durchsetzen.

Wir können aber im Rahmen der neuen genetischen Erkenntnisse zwei Typen von Geosynklinalen an destruktiven Plattenrändern abgrenzen:

Der **Anden-Typ** oder **Chile-Typ** ist durch das Fehlen eines Randmeeres oder Back-arc basins ausgezeichnet. Überaus starker andesitisch-granodioritischer

◀

Abb. 9.4 Derselbe Versuch, die Geosynklinal-Nomenklatur auf die plattentektonische zu übertragen, hier für aktive Kontinentränder und daher unmittelbar verknüpft mit Gebirgsbildung. Man erkennt leicht die Back-arc-Position der auf den Profilen A, B und C als Kinegeosynklinale, Exogeosynklinale, Paraliageosynklinale und Idiogeosynklinale bezeichneten Sedimentbecken. (Aus Dewey & Bird 1970, Abb. 4).

Magmatismus ist verbreitet. Ein typisch basischer Initialmagmatismus im Sinne STILLES fehlt, da keine ozeanische Spalte auf dem Kontinentrand entwickelt ist. Der Bogen magmatischer Gesteine entspricht nicht so recht der Eugeosynklinale im Sinne STILLES, eine Miogeosynklinale ist als lagunenartiges Randmeer geringer Ausdehnung zwischen Vulkankette und Kontinent entwickelt. Klassisches Beispiel sind die zentralen südamerikanischen Anden seit dem Jura.

Der **Randmeer-Typ** oder **Marianen-Typ** zeichnet sich durch ein Back-arc basin mit zentraler ozeanischer Spalte aus. Dies führt dazu, daß basaltische Gänge und Laven wesentlichen Anteil am Magmatismus gewinnen und daß der miogeosynklinale Anteil weniger deutlich ist. Im Verlauf der Subduktionsgeschichte wird das Back-arc basin häufig weitgehend verschluckt, so daß es nur in Resten überliefert wird.

9.3 Geosynklinalen an konstruktiven Plattenrändern

Sie können Back-arc basins mit ozeanischen Spalten durchaus ähnlich sein, unterscheiden sich aber dadurch, daß zu beiden Seiten normal ausgebildete kontinentale Kruste liegt und daß kein Inselbogen entwickelt ist. Ein Anfangsstadium dieser Art ist das Rote Meer, ein ausgeprägtes Stadium war der Penninische Ozean der Alpen. Wir wollen diese Art charakterisieren als **Rote-Meer-Typ**.

Er zeigt besonders gut die Erscheinungen des Sea-floor spreading und ist durch die Wechsellagerung von basischen Effusivgesteinen der ozeanischen Spalten mit pelagischen Sedimenten charakterisiert. Es finden sich naturgemäß alle Übergänge zu den Geosynklinalen der dritten Reihe, den Intraplatten-Geosynklinalen.

9.4 Intraplatten-Geosynklinalen

Entfernen sich zwei Kontinente mehr und mehr von der zentralen Spalte eines neuen Ozeans, so nimmt der Einfluß des Spaltenvulkanismus und der zugehörigen Bruchzonen auf die Grenzzonen zwischen den Kontinenten und den älteren Teilen des neuen Ozeans mehr und mehr ab. Schließlich wird die Sedimentation vor den entstandenen Küsten überwiegend von den terrigenen Sedimenten geprägt, die aus den Festländern in den Ozean gelangen. Ein gutes rezentes Beispiel sind die Küsten des Atlantischen Ozeans. Daher sei dieser Typ der Geosynklinale als **Atlantischer Typ** bezeichnet. Vor der nordamerikanischen Ostküste ist er seinerzeit geradezu als Prototyp einer Geosynklinale dargestellt worden. Charakteristisch für ihn ist, daß er nicht unmittelbar in plattentektonische Prozesse einbezogen ist. Dies geschieht allenfalls dann, wenn eine Umkehr des gesamten Konvektionssystems erfolgt und die beiden passiven Ränder nacheinander in einen Subduktionsmechanismus einbezogen werden. Ein Beispiel hierfür ist der altpaläozoische Iapetus-Ozean im Nordatlantik.

Wir sahen im Fall des Atlantischen Ozeans ein Beispiel für besondere Bedingungen auf Grund langdauernden Sea-floor spreadings und entsprechender Entfernung beider passiver Kontinentränder voneinander. Das Gegenteil ist zu sehen, wenn eine kontinentale Spaltenzone nicht oder noch nicht zum Ozean geworden ist. Dann sehen wir große tektonische Gräben, mit Sediment gefüllt, mit Anzeichen der Krusten-Ausdünnung im Untergrund, aber eben keinen Ozean im eigentlichen Sinn. Solche Gräben sind als **Taphrogeosynklinalen** bezeichnet worden, ungefähr vergleichbar den **Aulakogenen** der neueren Literatur. Wenn eine solche Struktur fossil erhalten ist, und somit erwiesen ist, daß nicht nur ein Anfangsstadium eines größeren Ozeans vorliegt, dann wird auch die Bezeichnung Failed rift („nicht-gelungene" Spalte) gebraucht. Der Oberrheintalgraben und das Nordsee-Grabensystem (s. Abb. 10.7) sind Beispiele dafür, aber auch die paläozoischen Aulakogene der Sierra de la Ventana in Argentinien oder der Ellsworth Mountains in der Antarktis.

Schließlich gibt es auch — im Sinne der Definition DANAS — „stetig sich senkende und dabei sich mit Sediment füllende langgestreckte Bereiche" mitten im Kontinent, die keinerlei Zusammenhang mit plattentektonischen Prozessen zu haben scheinen. STILLE hat sie als **Parageosynklinalen** bezeichnet. Ein Beispiel ist die Norddeutsche Tiefebene mit ihren vielen Tausenden von Metern Sedimentmächtigkeit seit dem Perm.

9.5 „Mischtypen"

Da im Verlaufe der geodynamischen Prozesse oft verschiedene plattentektonische Einheiten zusammengeschoben werden, kommen auch häufig Sediment- und Vulkanitserien verschiedener genetischer Position in einem Gebirge zusammen. Ein Beispiel ist der Himalaya, wo Sedimente des passiven Kontinentrandes Indiens mit Ozeanboden und Sedimenten des aktiven südasiatischen Kontinentrandes vereinigt wurden. Es ist das Verdienst der plattentektonischen Erkenntnisse, solche Vorgänge auseinandersortieren zu können, deren Struktur vorher nur durch die Annahme fazies-trennender Rücken erklärbar war. Exotic terranes sind ein Sonderfall dieser aus verschiedenen Teilbereichen zusammengesetzten Räume, die tatsächlich nicht als einzige Geosynklinale gesehen werden dürfen.

Je komplizierter so ein Gesteinsstapel wird, desto weniger läßt er sich mit dem fixistischen Konzept der Geosynklinale auflösen und beschreiben.

9.6 Exogene Faktoren in der Entwicklung von Sedimentbecken

Sowohl in der Zeit der ausschließlichen Anwendung des Geosynklinalbegriffes wie bei plattentektonischen Betrachtungen eines geotektonischen Raumes wird oft die Rolle der außertektonischen Situation vergessen. Die endogen gesteuerten Prozesse der Plattentektonik laufen zwar ohne größere Beeinflussung durch exogene Bedingungen ab. Das Endergebnis der Vorgänge: eine Gesteinsfolge, eine tektonische Einheit, ein Orogen, hängt aber nicht nur von den geotektonischen Rahmenbedingungen ab, sondern nicht minder vom exogenen Umfeld.

Es wurde manchmal argumentiert, die ostalpine Trias sei keine Geosynklinalbildung, da sie eine Karbonatplattform sei. Gewiß, aber sie ist dies nicht aus tektonischen Gründen, sondern aus klimatischen. Der tektonische Anlaß, die stetige Senkung, ist derselbe, ob diese nun im humiden Klima durch klastische Sedimente oder im warm-ariden Klima durch Karbonatfällung kompensiert wird.

Die Sedimentarmut der Zentralanden seit der Kreidezeit, am Pazifikrand des südamerikanischen Kontinents, ist die Folge der Entwässerung eines steigenden Anteils der Kontinentfläche zum Atlantischen Ozean bald nach dem Beginn seiner Existenz als Großozean. Verstärkt durch das aride Klima und den häufig vorhandenen Längsgraben der Anden-Westseite gelangt und gelangte sehr wenig Sediment in den Bereich des chilenisch-peruanischen Tiefseegrabens: daher kein Akkretionskeil! Im Paläozoikum, als ein merklicher Teil Gesamt-Gondwanas zum Pazifischen Ozean hin entwässerte, war dies anders: es entstanden die entsprechenden klastischen Serien am Rande des Kontinentes.

Da große Flußsysteme mehrere Klimazonen durchfließen können, ist oft eine überlegte paläogeographische Analyse angebracht: An der Nordseite des Golfs von Mexiko liegen heute zum Beispiel das riesige Mississippi-Delta und die Karbonatplattform der Bahamas eng nebeneinander. Es kann sogar vorkommen, daß Karbonatplattformen in submarinen Canyons von terrigenen Sedimenten weiten Transportweges durchbrochen werden, die außerhalb des Schelfs als Turbidite abgelagert werden, wie etwa im Altpaläozoikum der Präkordillere von San Juan in Argentinien. Man muß aus solchen scheinbaren Paradoxen also nicht unbedingt gleich auf Exotic terranes schließen.

9.7 Die Spätphasen eines orogenen Zyklus

Unabhängig davon, in welcher paläotektonischen Situation ein Orogen entsteht: in der Schlußphase treten zwei Sedimenttypen auf, die für Orogene typisch sind.

Unter **Flysch** (sprich Fliesch!) versteht man überwiegend klastische, meist turbiditische Sedimentfolgen, die zeitlich den Kollisionsereignissen der Plattentektonik zugeordnet sind. Das dabei entstehende Relief begünstigt die Ausbildung von Trübeströmen (= Turbiditen). Flyschserien können in allen Teilen kollidierender Platten vorkommen. Ein naheliegendes Beispiel sind die Alpen: Hier gibt es penninischen, ultrahelvetischen, helvetischen, südalpinen und den ausgeprägten rhenodanubischen Flysch des (heutigen) Alpenrandes.

Andererseits ist es charakteristisch für die einfache Ozean-Kontinent-Kollision der Zentralanden Südamerikas, daß hier **kein** Flysch entwickelt ist, im Gegensatz zur Inselbogen — Back-arc basin-Situation des Magallanes-Systems in Südchile, wo eine sehr typische und mächtige Flyschfolge vorhanden ist.

Das Hauptcharakteristikum des Flyschs ist die Zusammensetzung aus Turbiditen. Nun kommen solche auch in anderen paläogeographischen Situationen vor, typisch beispielsweise an passiven Kontinenträndern, wo Trübeströme den Transport von terrigenem Material aus dem Schelfbereich über den Kontinentalhang zur Tiefsee übernehmen. Man sollte den Ausdruck Flysch auf Sedimente der spätorogenen Phasen beschränken, für die er ursprünglich in der Schweiz geprägt worden ist. Aus dem Auftreten von Turbiditen allein kann nicht darauf geschlossen werden, daß die betreffende Gesteinseinheit in späte Phasen eines orogenen Zyklus gehört.

Da die Kollisionsprozesse ein lebhaftes Längsrelief im werdenden Orogen hervorbringen, breiten sich die Trübeströme bevorzugt parallel dazu aus; die Strömungsrichtungen können daher nicht unmittelbar zur Bestimmung der Herkunft des Materials verwendet werden.

Es ist ein leider weit verbreiteter Brauch, davon zu sprechen, daß ein Gebirge „aufgefaltet" werde. Man meint damit fälschlicherweise, die Falten machten es zum Hochgebirge. Tatsächlich spielt sich der größte Teil der Falten-, Schuppen- und Deckenbildung weit unter dem Meeresspiegel ab und zwar lang, bevor das Orogen zum Hochgebirge wird. Ältere Teile eines Akkretionskeiles werden gefaltet, verschuppt und metamorph, während darüber weiterhin sedimentiert wird. Kontinente unterschieben Kontinente, während an der Fuge Flyschfolgen entstehen. Back-arc basins und andere vorübergehend wirksame Spaltensysteme werden wieder subduziert, während im verbleibenden Becken sich weiter Sedimente ansammeln.

Während dieser ganzen Zeit der Gestaltung eines Orogens als Faltenbündel liegen abgesehen von Inselbögen allenfalls schmale Streifen Land über dem Meeresniveau. Erst wenn in einem Bereich die Subduktion als abwärts gerichtete Strömung abreißt, steigt dieser Teil des Orogens nach oben, und das umso schneller, je mehr leichtes, SiO_2- und wasserreiches Material nach unten gezogen worden war und damit das isostatische Gleichgewicht störte. Dieser Aufstieg des gesamten, fast fertigen Orogens ist es erst, der im Wechselspiel mit der Erosion das Hochgebirge als morphologische Struktur schafft. Eine Ausnahme bilden Orogene wie die Hoch-Anden oder der Himalaya, wo besonders starke Krustenverdickung schnellen Aufstieg des Gebirges bei fortdauernder Subduktion bewirkt. Die Bedeutung isostatischer postorogener Aufstiegstendenz von Gebirgen läßt sich auch in paläozoischen Orogenen beobachten, die längst nicht mehr in ihrem Kern tektonisch geprägt werden und dennoch heute noch aufsteigen und morphologische Gebirge bilden wie die Appalachen und die variszischen Gebirge Mitteleuropas.

Durch die Erosion entstehen gewaltige Schuttmassen, die zu einem großen Teil im Gebirge selbst oder an seinem unmittelbaren Rand wieder abgelagert werden. Dies wäre nicht möglich, wenn sich nicht an den Rändern der Orogene regelmäßig Zonen intensiver Senkung ausbildeten, deren Senkungsrate im allgemeinen durch dort zurückgehaltene Sedimente gerade ausgeglichen wird. Das Bildungsmilieu schwankt daher um den Meeresspiegel.

Solche spätorogene Sedimentserien nennt man **Molasse**. Ihre Korngröße nimmt meist typisch vom Orogen nach außen hin ab. Herkunft und Transportrichtung lassen sich im allgemeinen leicht feststellen. Molassetröge im Innern eines Orogens werden als Innenmolassen bezeichnet.

Meistens werden Teile der Molasse noch in letzte Faltungs- und Überschiebungsprozesse mit einbezogen. So überlagern etwa die Nördlichen Kalkalpen teilweise tertiäre Molassesedimente; der Südrand der bayerischen Molasse ist in Falten gelegt. Bekannte Molassetröge sind auch das Oberkarbon des Ruhrgebietes und die tertiären und quartären Schuttmassen am Ostfuß der Anden.

Molassetröge bergen, seit es Landpflanzen gibt, bedeutende Kohlelagerstätten. Auch Erdöl- und Erdgaslagerstätten kommen vor, sofern ein Kohlenwasserstoffe lieferndes Muttergestein vorhanden ist.

Typisch für Molassesedimente sind außer der zwischen marin und festländisch wechselnden Fazies der Konglomeratreichtum in gebirgsnahen Teilen und das Fehlen von Turbiditen. Molassetröge können sich neben Flyschtrögen entwickeln wie beispielsweise in den Alpen, oder aus ihnen hervorgehen, wie etwa im Karbon des Ruhrgebiets oder gegen Ende der Kreide im Magallanesgebiet an der Südspitze Südamerikas. Sie können einen Gebirgsbildungszyklus definitiv abschließen (soweit man das aus der Augenblicksaufnahme heutiger Entwicklung sagen kann) oder eine neue Geosynklinal-Phase einleiten, wie das etwa im Permokarbon der Karnischen Alpen der Fall ist.

Molassetröge sind – je nach ihrer Lage im Orogen – auch als Epieugeosynklinale und als Exogeosynklinale bezeichnet worden, Begriffe, die sich nie durchgesetzt haben.

Weiterführende Schriften

Aubouin, J. (1965): Geosynclines. – Developments in Geotectonics, **1.** – 335 S., Amsterdam (Elsevier).

Dana, J.D. (1873): On some results of the Earth's contraction from cooling, including a discussion of the origin of mountains, and the nature of the Earth's interior. Part I. – Amer. J. Sci., **105**; 423–443; New Haven.

Stille, H. (1941): Einführung in den Bau Amerikas. – 717 S., Berlin (Borntraeger).

10 Plattentektonik und Lagerstätten

Schon bald nachdem die Plattentektonik definiert war, und besonders, als der Begriff der New global tectonics verwendet wurde, war eine Anwendung der neuen „umfassenden“ Theorie auf Lagerstättengenese und Lagerstättenfindung (Exploration) eine Selbstverständlichkeit.

Dies braucht nicht zu verwundern: Lagerstätten sind Gesteine wie andere auch, mit dem einzigen Unterschied, daß sie unmittelbar oder nach einiger Aufbereitung vom Menschen genutzt werden. Dies gilt, egal ob es sich um Sand und Kies handelt, die nach einfacher Klassierung als Baustoffe dienen, oder um Anreicherungen von Metalloxiden und -sulfiden (Erzen) in Gängen und größeren Körpern, die erst aufwendig bearbeitet werden müssen, bis das gewünschte Metall in reiner Form vorliegt. Kohle ist, wie die Baustoffe, ein Gestein, das nach geringer oder ohne jede Verarbeitung verwendet wird. Auch Erdöl und Erdgas sind Gesteinsbestandteile, wenn auch als Füllung von Poren- und Klufthohlräumen.

Wenn also die Genese aller Gesteine in irgendeiner Form mit dem plattentektonischen Begriffsinventar zu tun hat, so natürlich auch die Entstehung dieser nützlichen Sonderfälle. Nun wird vielfach die Entstehung von Lagerstätten nur mittelbar oder teilweise von endogenen Prozessen gesteuert. Einfachstes Beispiel ist die Kohlebildung; sie war und ist nur möglich, seit und wo es ausreichend Pflanzenwuchs gibt, mögen die tektonischen Bedingungen anderswo noch so gut sein. Wir werden sehen, daß Ähnliches manchmal auch für die Entstehung von Erzlagerstätten gilt.

Auf die Vielfalt der Lagerstätten der Salze und der „Steine und Erden“ will ich bewußt nicht eingehen; die mannigfache Steuerung exogener Prozesse durch endogene ließe auch bei ihrer Entstehung plattentektonische Prozesse erkennen.

10.1 Erzlagerstätten

Erze sind nach alter Definition Mineralgemenge, aus denen schmiedbare Metalle gewonnen werden können. Quecksilber gehört dazu, obwohl es bei normalen Temperaturen flüssig ist, auch Uranerze, die heute nicht als Metall, sondern als Energieträger Verwendung finden. Erzlagerstätten sind Gesteine, in denen der Metallgehalt auf natürliche Weise so weit angereichert ist, daß er abbauwürdig wird, wenn der Gewinn die Kosten übersteigt und der Markt das Produkt aufnimmt, oder falls andere Gründe (Autarkie-Bestrebung, Reservebildung) die rein betriebswirtschaftliche Rechnung überlagern.

Hängt nun die Anreicherung von Erzen in den Gesteinen mit plattentektonischen Vorgängen zusammen? Wir wollen diese Frage nur an einigen wenigen, aber besonders typischen Beispielen untersuchen und keineswegs Vollständigkeit anstreben.

10.1.1 Lagerstätten über konvergierenden Plattengrenzen

Ein Blick auf die Vorkommen von Buntmetall-Erzen des **Porphyry copper-Typs** und des **Kuroko-Typs** läßt den Zusammenhang mit plattentektonischen Vorgängen leicht erkennen (Abb. 10.1). Alle diese Lagerstätten, die den größten Teil der Kupferreserven der Welt enthalten, liegen an den großen Pazifik-umrahmenden Subduktionszonen, einige wenige an den komplizierten Subduktionszonen der Tethys. Lagerstätten des Porphyry copper-Typs (die Kupferminerale liegen in Konzentrationen um 1 % Cu fein verteilt – eben porphyrisch – in oberflächennah intrudierten sauren bis intermediären Plutonen) finden sich über Subduktionszonen vom Chile-Typ (vgl. Abb. 4.10). Subduktionszonen mit ausgeprägtem Back-

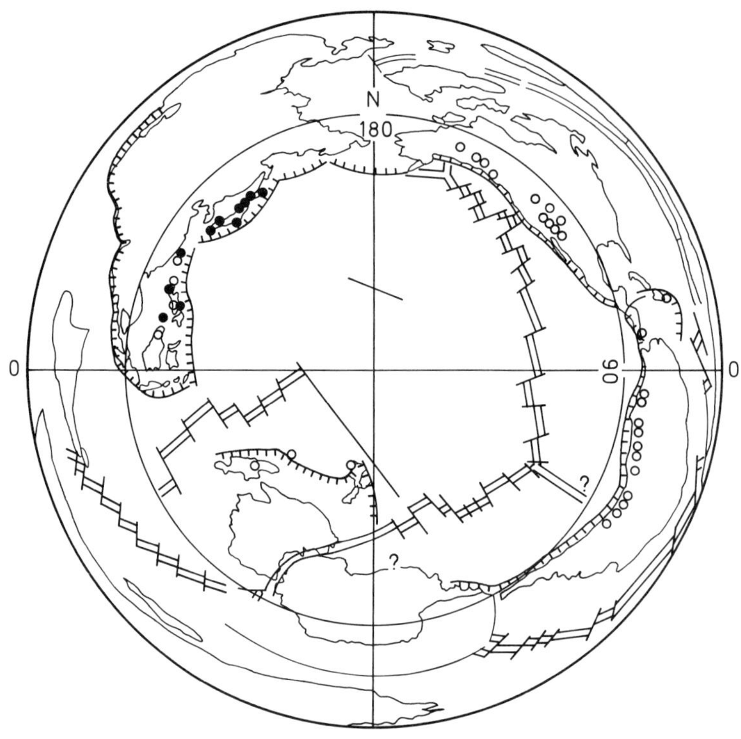

Divergierende Plattengrenze
Konvergierende Plattengrenze
Transform fault
• Schichtgebundene Sulfidlagerstätte
o Lagerstätte vom Porphyry copper-Typ

Abb. 10.1 Die zirkumpazifischen schichtgebundenen Sulfidlagerstätten und die Lagerstätten vom Porphyry copper-Typ eingezeichnet in eine Karte der Kontinentanordnung im Eozän. Die Bindung der schichtgebundenen Lagerstätten vom Kuroko-Typ an die Inselbögen des Westpazifiks und die Aufreihung der Porphyry copper-Lagerstätten an die einfach gebauten Kontinentränder des Ostpazifik-Randes sind deutlich erkennnbar. (Nach Rona 1980; Fig. 4; verändert).

arc basin (Marianen-Typ; Abb. 4.10) dagegen sind charakterisiert durch die massigen polymetallischen Sulfiderzkörper vom Kuroko-Typ, die an saure bis intermediäre Vulkanite gebunden sind. Eine Bindung bestimmter Lagerstättentypen an — auch durch andere Kennzeichen identifizierbare — plattentektonische Einheiten ist evident. Ein früher häufig genannter Unterschied der westpazifischen zu den ostpazifischen Subduktionszonen: Goldreichtum im Westen, Molybdänreichtum im Osten, muß aber wohl auf andere Effekte zurückgeführt werden, nachdem die riesigen Goldvorkommen in den chilenischen Hochanden (**„El Indio“** als Beispiel) bekannt geworden sind.

Warum alle diese Elemente in den Subduktionszonen angereichert sind, ist nicht ganz klar. Vermutlich spielen mehrere Faktoren eine Rolle: Voranreicherung aus dem Erdmantel stammender geringer Konzentrationen in der ozeanischen Kruste, Remobilisierung der Metallionen in der Subduktionszone und weitere Anreicherung durch zirkulierende Lösungen während des Aufstiegs.

Daß Porphyry copper-Lagerstätten nur im Mesozoikum und Känozoikum häufig sind, liegt wohl an ihrem hohen Intrusionsniveau in Verbindung mit der Lage an andinotypen Subduktionszonen mit rascher Gebirgshebung. Eventuelle ältere Lagerstätten sind einfach schon erodiert worden, bevor ihre Umgebung konsolidiert wurde. Zur Jetztzeit hin sich erhöhende Kupferzufuhr aus irgendeinem Reservoir in die Kruste hinein muß dazu nicht gefordert werden.

10.1.2 Lagerstätten an divergierenden Plattengrenzen

Als in den sechziger Jahren in Teilbecken des Roten Meeres mächtige, noch unverfestigte Sulfid- und Oxiderz-Schichten entdeckt wurden, mochte man glauben, endlich sowohl der Genese ähnlicher Lagerstätten in älteren Gesteinen auf der Spur zu sein als auch eine Art regenerativer Lagerstätten gefunden zu haben (Abb. 10.2, 10.3). Im Golf von Kalifornien wurden ähnliche Vorkommen gefunden (Guayamas-Becken). Es dauerte noch lange, bis in den weitaus größeren Spaltensystemen der Ozeane ähnliche Buntmetall-Lagerstätten beobachtet werden konnten. Die **Black smokers** des Galapagos-Rückens und des Ostpazifischen Rückens enthalten verschiedene sulfidische Erze in reicher Konzentration, sind — ähnlich wie die Erze des Roten Meeres — aber auch keineswegs sehr häufig.

Allen diesen Vorkommen ist gemeinsam, daß die metallführenden heißen Lösungen selbst beobachtet werden können und daß die Ausfällung der Metalle am Kontakt mit dem Meerwasser erfolgt. Die Metallionen selbst entstammen wohl nicht der Anreicherung restlicher Elemente nach der Hauptkristallisation eines Magmas wie bei hydrothermalen Gängen eines Granitkomplexes, sondern der stetigen Auslaugung von Spurengehalten aus den Gesteinen des älteren ozeanischen Untergrundes. Die eigentliche, Lagerstätten bildende Anreicherung erfolgt erst durch den andauernden Fällungsprozess am Meeresboden.

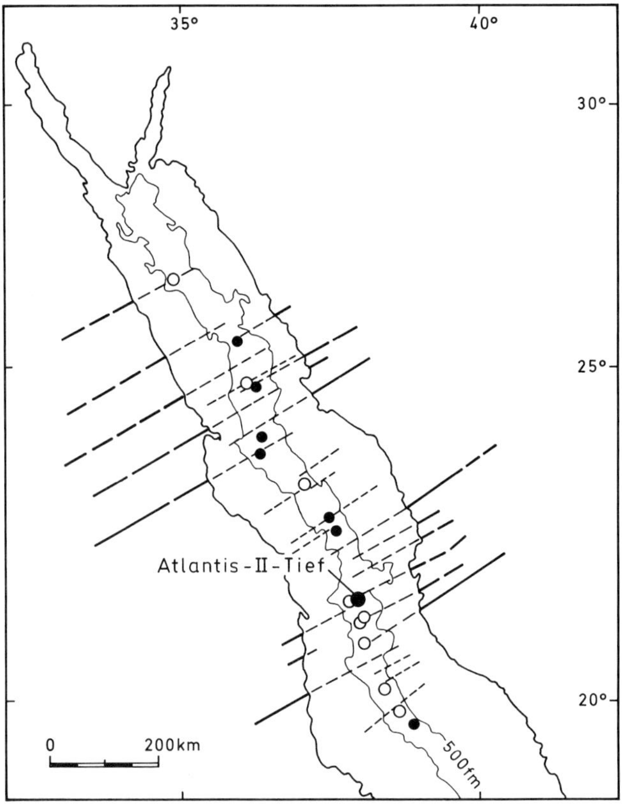

Abb. 10.2 Die Lage heißer Quellen (offene Kreise) und erzführender Sedimente (schwarze Punkte) im Zentrum des Roten Meeres. Die gestrichelten Linien bedeuten Bruchlinien im benachbarten Festland und ihre Fortsetzung in das Rote Meer. Die eingezeichnete Tiefenlinie bezieht sich auf 500 Faden (915 m). (Nach SAWKINS 1984, Fig. 8.2).

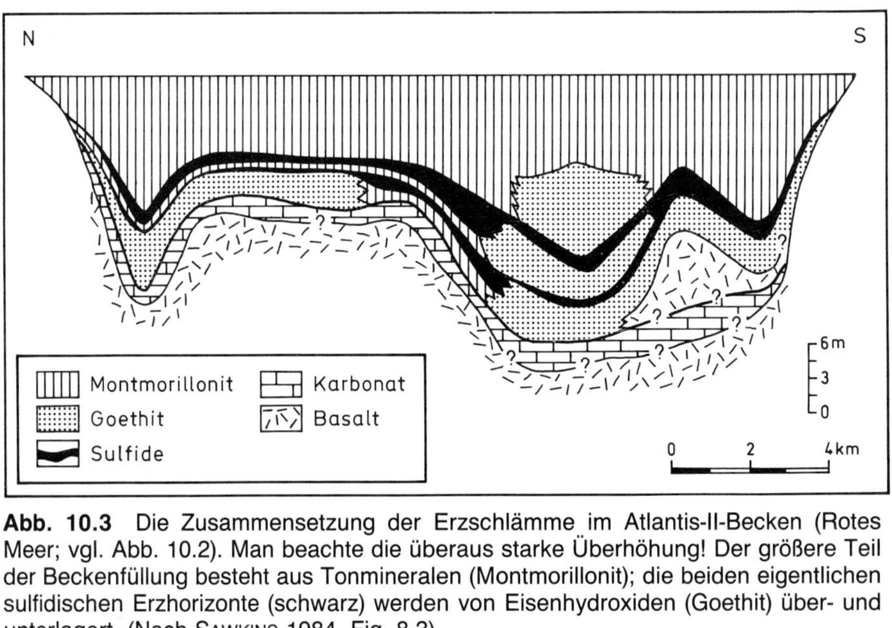

Abb. 10.3 Die Zusammensetzung der Erzschlämme im Atlantis-II-Becken (Rotes Meer; vgl. Abb. 10.2). Man beachte die überaus starke Überhöhung! Der größere Teil der Beckenfüllung besteht aus Tonmineralen (Montmorillonit); die beiden eigentlichen sulfidischen Erzhorizonte (schwarz) werden von Eisenhydroxiden (Goethit) über- und unterlagert. (Nach SAWKINS 1984, Fig. 8.3).

10.1.3 Beispiele älterer spaltenbezogener Lagerstätten

Viele weltbekannte Pb-Zn-Cu-Lagerstätten können auf eine Genese ähnlich der des Spaltensystems des Roten Meeres zurückgeführt werden. In vielen Fällen sind sie an bimodalen, überwiegend sauren Vulkanismus gebunden. Ein in der Nähe gelegenes Beispiel ist die unterkarbone **südwestiberische Erzprovinz**, ein besonders typisches die ordovizische **Bathurst-Newcastle-Provinz** in New Brunswick (Canada).

Häufig finden sich mit solchen sulfidischen Erzen aber keine oder nur verschwindend wenig Vulkanite, ein Zeichen dafür, daß die im Ozeanboden zirkulierenden Lösungen keineswegs unmittelbar mit Magmen zusammenhängen müssen. Als Beispiel seien die devonischen Lagerstätten **Meggen** im Rheinischen

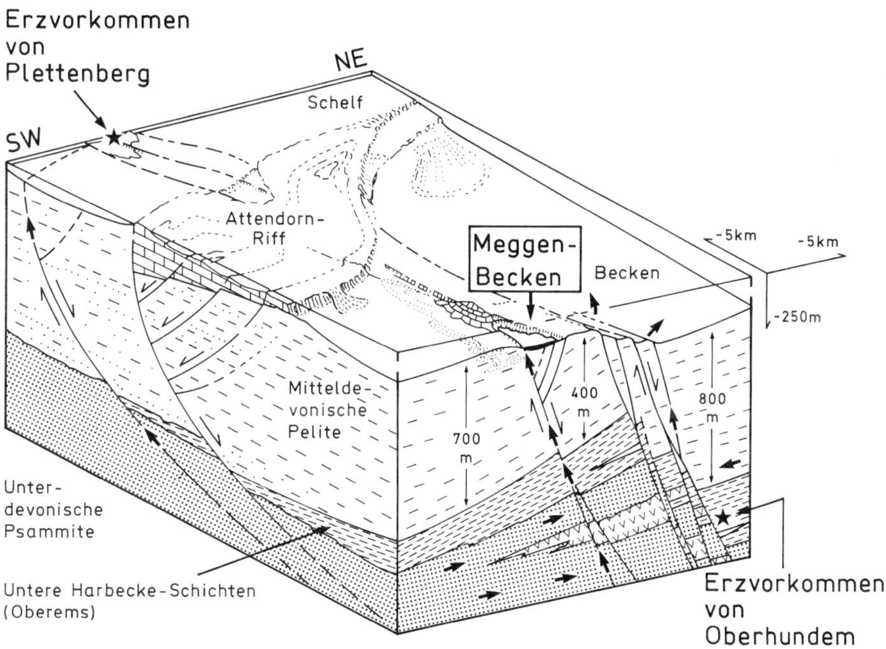

Abb. 10.4 Die Entstehung der Bleiglanz-Zinkblende-Baryt-Lagerstätte von Meggen und benachbarter Erzvorkommen. Salinare Porenwässer werden durch die Versenkung in größere Tiefen erwärmt und nehmen die in den Sedimentgesteinen in Spuren vorhandenen Schwermetalle auf. An synsedimentär wirksamen Verwerfungen steigen die Lösungen auf; am Meeresboden werden Blei und Zink als Sulfide, das Barium als Sulfat ausgefällt. Wesentlich für die Entstehung der Lagerstätte ist, daß die an sich sehr geringen Metallkonzentrationen lange Zeit an einzelnen wenigen Störungsbahnen aufsteigen, und daß so auf die Dauer eine Anreicherung im Meeresbecken zustande kommt. Ähnlich ist auch die Bildung der „black smokers" im Pazifischen Ozean und der Erzschlämme im Roten Meer zu erklären, nur daß dort echte ozeanische Kruste existiert, während im Rheinischen Schiefergebirge nur eine schwache Ausdünnung der kontinentalen Kruste am Südrand des nordeuropäischen „Old-red-Kontinentes" vorliegt. (Aus WERNER 1990, Fig. 3; umgezeichnet).

Schiefergebirge (Abb. 10.4) und **Rammelsberg** im Harz genannt. Riesige Lagerstätten dieses Typs finden sich im Proterozoikum Australiens (Mount Isa, Broken Hill).

Diese Großlagerstätten weisen auf den ersten Blick wenig Gemeinsamkeiten mit den rezenten Erzen des Roten Meeres oder des Galapagos-Rückens auf. Dies ist aber kaum zu erwarten, da eigentlicher Ozeanboden ja meist durch Subduktion verschwindet und nur in Ausnahmefällen durch Akkretion an Kontinente angeschweißt wird. Die aus der Erdgeschichte bekannten sulfidischen Erzlagerstätten dürften überwiegend an Kontinenträndern auf kontinentaler Kruste entstanden sein, wobei die den Kontinentrand begleitenden Verwerfungen gleichzeitig die Bahnen für die aufsteigenden heißen Lösungen bildeten (Abb. 10.4).

10.1.4 Erzlagerstätten als Bestandteil ozeanischer Magmatite und als unmittelbare Mantelabkömmlinge

Typisches Beispiel hierfür sind die Chromit- und Sulfiderze des **Troodos-Komplexes** auf Zypern (Abb. 10.5). Chromitkörper und Cu-Ni-Co-Fe-Sulfide finden sich in Ultrabasiten des tiefsten Teiles eines klassischen Ozeanbodenprofils, im Liegenden der Gabbros und des Sheeted-dyke-Komplexes, Fe-Cu-Sulfide außerdem in den Kissenlaven im Hangenden der Sheeted dykes.

Beispiele für Vererzungen in basischen und ultrabasischen Gesteinen fernab eines Ozeans sind die Chrom-, Platin- und Vanadiumerze des **Bushveld-Komplexes** in Afrika und des **Sudbury-Komplexes** in Kanada. Falls sie — wie vor allem für Sudbury vermutet — Reaktionen auf Meteoriten-Einschläge sind, wären sie nicht in Zusammenhang mit plattentektonischen Vorgängen zu stellen. Vor allem der Bushveld-Komplex wird aber eher als Produkt eines Hot spots im Mantel gesehen.

10.1.5 Ganggefolgschaften von Graniten

Die klassischen Ganglagerstätten vom Typ des Erzgebirges oder Harzes spielen heute weder wirtschaftlich noch genetisch mehr eine besondere Rolle. Plattentektonisch sind sie weiters nicht auffällig: Restlösungen eines granitischen Magmas gehören genetisch zu diesem und sind eben entweder orogen im Zusammenhang mit subduktions- oder kollisionsbedingter Aufschmelzung oder anorogen als Folge von Hot spots zu erklären.

So einfach ist das mit den New global tectonics!

10.1.6 Die Banded Iron Formation (BIF)

Die größten Erzanreicherungen der Erde sind die **Gebänderten Eisenerze.** Ihre größte Verbreitung liegt im Altproterozoikum, doch kommen sie auch im Archäikum sowie im höheren Proterozoikum vor. Wenn man will, kann man die devoni-

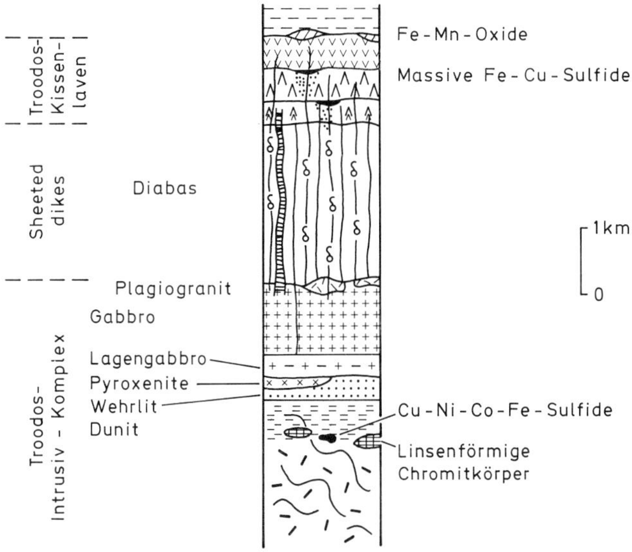

Abb. 10.5 Die Entstehung von Erzlagerstätten auf ozeanischer Kruste am Beispiel der Ophiolithe von Troodos auf Zypern. Sie wurden in der Oberkreide innerhalb eines ozeanischen Spaltensystems gebildet. Das erzführende Gestein ist aus der üblichen stratigraphischen Abfolge neu entstandener ozeanischer Kruste aufgebaut: zuunterst ein plutonischer Ultrabasit-Komplex aus pyroxen- und olivinführenden Gesteinen sowie Gabbro und Plagiogranit, darüber „sheeted dikes" aus alteriertem Basalt (Diabas) und schließlich am Meeresboden ausfließende Kissenlava. An die einzelnen Bereiche sind Lagerstätten genetisch entsprechender Elemente gebunden: Chromit als Mineral der Erstkristallisation an die Ultrabasite, hier verbunden mit Kupfer-Nickel-Kobalt-Eisen-Sulfiden, im Bereich der Pillowlaven massive Eisen-Kupfer-Sulfide (Pyrit und Kupferkies). Die oxidischen, von Tonmineralen begleiteten Eisen-Mangan-Verbindungen auf der Oberseite der Laven werden als Verwitterungsprodukte der sulfidischen Erze unter dem Angriff des Seewassers gedeutet. (Aus SAWKINS 1984, Fig. 5.6; umgezeichnet.)

schen Lagerstätten des **Lahn-Dill-Typus** in Deutschland als ihre letzten Vertreter betrachten.

Wenngleich viele der weltweit verbreiteten Lagerstättenprovinzen mit Vulkaniten vergesellschaftet sind und damit Beziehungen zu Spaltenzonen haben, so ist doch die Genese der BIF unter dem Gesichtspunkt der Entwicklung des Sauerstoffgehalts des Wassers als Folge der Evolution sauerstoffproduzierender Mikroorganismen zu sehen, also ganz unabhängig von plattentektonischen Vorgängen.

10.1.7 Erzlagerstätten als Folge exogener Anreicherung

Ähnliches gilt für die große Zahl von Lagerstätten, die nach der Bildung von genügend freiem Sauerstoff in der Luft durch Oxidationsverwitterung und selektive Anreicherung entstanden. Freilich lassen sich viele der Ausgangsgesteine wiederum im Rahmen der Plattentektonik deuten und explorieren. Man denke nur an lateritische Eisenerze über Basalten oder Nickelsilikat-Lagerstätten über Ultrabasiten.

10.2 Kaustobiolithe

Wenn die Evolution des Lebens schon für die Bildung der Bändereisenerze eine ebenso große Rolle spielte wie die Plattentektonik, dann erst recht für die Entstehung der **organogenen Sedimente.** Dies gilt natürlich für karbonatische biogene Gesteine wie Riffe oder Globigerinenschlamm ebenso wie für Lagerstätten der Kohle und der Kohlenwasserstoffe, die wir hier kurz in ihrer Beziehung zu plattentektonischen Prozessen betrachten wollen.

10.2.1 Erdöl und Erdgas

Öl- und Gaslagerstätten konnten sich grundsätzlich schon im Archäikum bilden, da die Geschichte mariner Mikroorganismen so weit zurückreicht. Eventuell ölführende Gesteine hohen Alters sind aber entweder längst erodiert oder als Bestandteil von Orogenen metamorph geworden, ihr organischer Inhalt somit in Graphit umgewandelt. Abgesehen davon nahm die Evolution mariner Mikroorganismen seit dem Jura sprunghaft zu, so daß nochmals verständlich wird, warum die überwiegende Mehrzahl der großen Ölfelder in mesozoischen und tertiären Gesteinen liegt (Abb. 10.6).

Bildung und Erhaltung von Kohlenwasserstoffen werden von vielen komplizierten Prozessen gesteuert, deren Beschreibung nicht Gegenstand dieses Buches sein kann: Temperatur und Druck müssen in bestimmtem Rahmen bleiben, brauchbare Speichergesteine und -strukturen müssen vorhanden sein. Dies bedeutet einerseits, daß reichlich Sedimente in einem kontinuierlich, aber nicht zu rasch sich senkenden Raum akkumulieren müssen. Andererseits sollten später soviel tektonische Bewegungen stattfinden, daß gerade die Strukturen sich bilden, die die besten Erdölfallen darstellen: vor allem flache Sättel, aber auch Verwerfungen und Diskordanzen, soweit nicht fazielle Fallen wie Riffe oder Faziesverzahnungen schon bei der Sedimentbildung angelegt wurden. Auch diese stehen aber oft in Zusammenhang mit strukturellen Grenzen.

Es ist klar, daß solche Bedingungen weder in den großen ozeanischen Spaltensystemen herrschen noch innerhalb der subduktions- oder kollisionsbezogenen Orogene. Wohl aber eignen sich beginnende Spaltensysteme, passive Kontinentränder und die rückwärtigen Molassesenken von Orogenen zur Ölbildung und -erhaltung.

Ein nahegelegenes gutes Beispiel für eine beginnende, aber später wieder zur Ruhe gekommene Spalte ist das Grabensystem der Nordsee (Abb. 10.7, 10.8) mit seinen reichen Lagerstätten. Becken auf der Ozean-abgewandten Seite von Subduktionszonen können sehr reichlich Öl liefern wie etwa die Lagerstätten Süd-

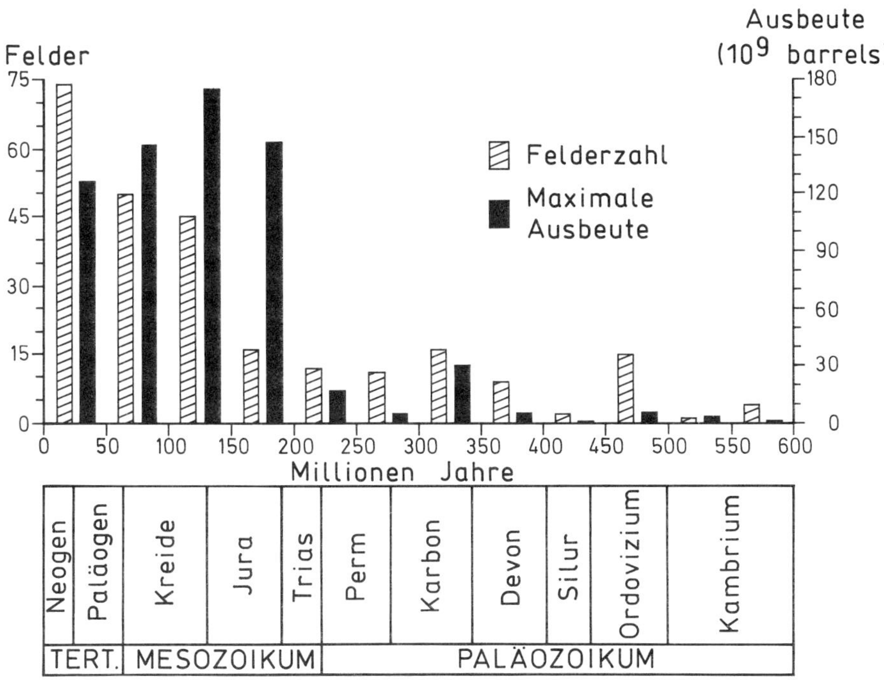

Abb. 10.6 Die größten Erdöllagerstätten der Welt sind an die Gesteine des Juras, der Kreide und des Tertiärs gebunden. Auf Grund ihrer Bedeutung im Nahen Osten überwiegen dabei die mesozoischen Lagerstätten. Ein Grund dafür ist sicherlich die Entstehung ausgedehnter Meeresbecken am Rande sich spaltender Kontinente, in denen ausreichende Mengen organischen Materials in für die Erdöl-Bildung geeignete Tiefen abgesenkt wurden. (Nach MOODY 1975; Fig. 2; umgezeichnet; aus FISCHER, A. & SHELDON, J., eds., Petroleum and Global Tectonics. Copyright © 1975 by Princeton Univ. Press. J.D. Moody: Distribution and geological characteristics of giant oil fields. Reprinted by permission of Princeton University Press).

amerikas von Feuerland bis Venezuela zeigen; auch die Molassebecken nördlich und östlich der Alpen sind ein, wenn auch weit ärmeres Beispiel.

Daß Salz- und Ölbildung häufig eng zusammenhängen, hat mehrere Gründe. So geht der Beginn der Bildung großer Spaltensysteme oft mit der Entstehung von Evaporiten einher; als Beispiel sei der Oberrheingraben genannt. In Norddeutschland ist einerseits die Bildung der mesozoischen sedimentären Teiltröge an das seitliche Abfließen des Zechsteinsalzes gebunden, andererseits die Erhaltung mancher Öllagerstätten an die aufsteigenden Salzstöcke, deren Lage und Form wiederum von dem bekannten Grabensystem zwischen Oberrhein und Oslofjord gesteuert werden.

Diese wenigen Beispiele sollen genügen, um die enge Bindung der Öllagerstätten an plattentektonisch definierte Prozesse zu zeigen. Nur am Rande und der Vollständigkeit halber sei erwähnt, daß Gaslagerstätten sich nicht nur in Zusammenhang mit Öllagerstätten, sondern — wie das Beispiel der südlichen Nordsee zeigt — auch aus Kohle bilden können.

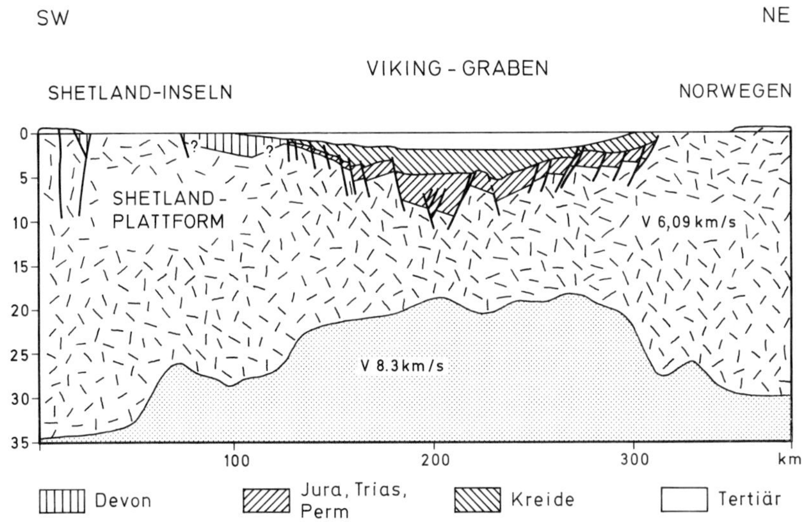

Abb. 10.7 Ein Querschnitt durch einen der heute inaktiven Nordsee-Gräben. Der Zusammenhang der (hier nicht dargestellten) Öl- und Gaslagerstätten des zentralen Grabensystems mit Krustenausdünnung und beginnender Spaltenbildung ist leicht ersichtlich. (Nach Ziegler 1977; Fig. 7).

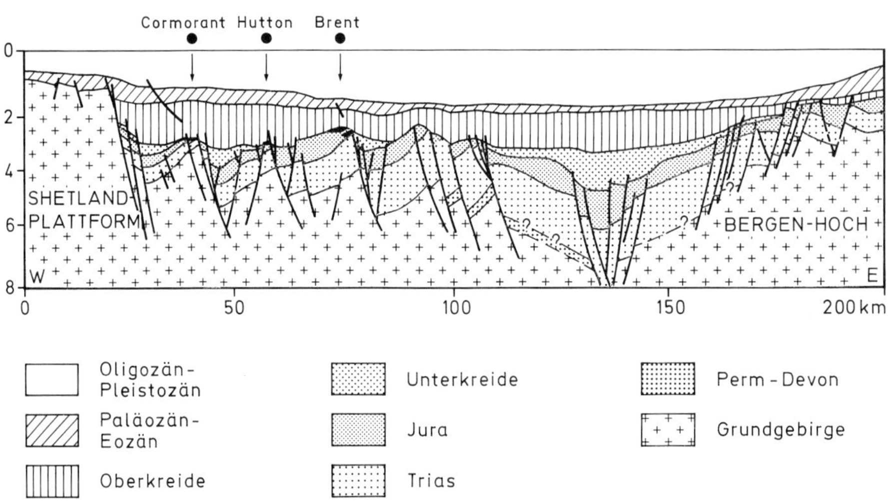

Abb. 10.8 Ein Querschnitt durch den Viking-Graben der Nordsee. Die Öl-Lagerstätten Cormorant, Hutton und Brent liegen in Sandsteinen des Mittleren Juras, die im Verlauf des Oberjuras während der Entstehung der Großspalten-Struktur in typischer Weise verkippt wurden. Sie werden nach oben, oberhalb der oberjurassischen Diskordanz, von tonig-mergeligen Kreidesedimenten abgedichtet. (Nach Ziegler 1977; Fig. 15).

10.2.2 Kohlelagerstätten

Kohlelagerstätten bildeten sich erst nach Entstehung der Landfloren im obersten Silur. Sie sind daher allesamt ziemlich jung und der Untersuchung in ihrer ursprünglichen Form gut zugänglich. Im Sinne der Plattentektonik können wir grundsätzlich zwei mengenmäßig etwa gleich bedeutende Typen unterscheiden: solche, deren Zusammenhang mit plattentektonischen Prozessen offenliegt, und solche, die nur mit gewissen Hypothesen Vorgängen der Plattentektonik zugeordnet werden können.

Die großen karbonen Kohlelagerstätten Mittel- und Westeuropas sowie Englands sind in Folge der variszischen Orogenese am Nordrand des Orogens entstanden. Sie sind Ergebnis des Wechselspiels von spätorogener Randtrog-Senkung, Sedimentzufuhr aus dem aufsteigenden Gebirge und grundwasserstauender Meerestransgression während ausklingender orogener Faltung. Ähnliches gilt für die karbonen Kohlen am Westfuß der Appalachen oder für die tertiären Kohlen am Nordfuß der Alpen. Mit Bruchsystemen verbunden ist der Großteil der deutschen tertiären Braunkohlen, allen voran die niederrheinische Kohle, ähnlich der Ruhrkohle ein Sumpf im Staubereich des Meeres.

Ganz anders die zweite große Gruppe der Kohlelagerstätten: die permokarbonen Lagerstätten der Gondwana-Fazies des Südkontinentes. Sie liegen im Gondwana-Kontinent. Die kontinuierliche, wenn auch langsame Senkung des Landes, die letztlich in allen Gondwana-Teilen mehr oder minder mächtige Sedimente bis hin zum abschließenden jurassisch-kretazisch-tertiären Vulkanismus aufnahm, war freilich zur Kohlebildung günstig, solange das Klima feucht genug für den entsprechenden Pflanzenwuchs war. Anscheinend wurde schon im ausgehenden Karbon eine Krustenverdünnung und damit Landsenkung angelegt, die schließlich ab Jura zum Auseinanderbrechen des Kontinents führte –.

Also doch ein Zusammenhang zwischen Gondwana-Kohlen und Plattentektonik?

Weiterführende Schriften

Mitchell, A.H.G. & Garson, M.S. (1981): Mineral deposits and global tectonic settings. – 405 S; London (Academic Press).

Sawkins, F.J. (1984): Metal deposits in relation to plate tectonics. – 325 S.; Berlin (Springer).

11 Kinematik der Platten und Dynamik der Ideen

Was wir bisher kennengelernt haben, waren Beobachtungen und Interpretationen, waren die grundlegenden Tatsachen und Ideen der Plattentektonik. Die empirischen Daten über die einzelnen geologischen Vorgänge greifen weitgehend widerspruchslos ineinander, auch wenn manche Einzelheiten, etwa der Magmengenese, des Ursprungs der Hot spots, der Subduktion kontinentaler Kruste, und viele andere noch nicht endgültig geklärt sind. Manche grundlegenden Probleme sind nach wie vor ungelöst: Wie setzen sich die Lithosphärenplatten in Bewegung? Woher kommt das Material, das die aufreißende ozeanische Lithosphäre stetig vergrößert? Was geschieht mit der ozeanischen Lithosphäre unterhalb der Asthenosphäre nach der Subduktion?

Trotz des guten Zusammenwirkens ihrer einzelnen Mechanismen hat die neue Theorie nicht überall sofort Glauben gefunden. Wir wollen in diesem Schlußkapitel zunächst einige Kritikpunkte zusammenfassen. Anschließend werden wir Anzeichen von horizontaler Bewegung besprechen, die belegen, daß auch innerhalb der großen Platten Relativbewegungen parallel zur Erdoberfläche auftreten. Dann diskutieren wir Art und Tiefgang der Konvektionswalzen, den üblichen Ansatz zur Dynamik der Platten, sowie einen Versuch, gleichmäßige Unterströmungen für die Plattenbewegungen verantwortlich zu machen. Am Ende stellen wir diejenigen Probleme zusammen, die tatsächlich noch einer Lösung bedürfen.

11.1 Frühere „globale" Theorien

Da es jahrhundertelang möglich war, die geologischen Erscheinungsformen ohne weitere Horizontalverschiebungen zu erklären, warum sollte dann plötzlich ein die ganze Erde umfassendes Konzept von Kontinentbewegungen gelten, das – im Falle WEGENER – schon einmal fast einhellig abgelehnt worden war? **Diapirismus** jeden Maßstabs im Sinne der **Oszillations- oder Undationstheorie** konnte auch die Deckenbildung auf ursächlich vertikale Auf- und Ab-Bewegungen zurückführen. Selbst für den schwer vorstellbaren rhythmischen Wechsel in der Polarisierung der remanenten Magnetisierung gab es eine fixistische Gegenmeinung: spontane Umpolarisierung der Remanenz in den Gesteinen.

Die **Kontraktionstheorie** als Beispiel fixistischer Anschauung war eigentlich schon seit Beginn des Jahrhunderts nur mehr als sinnvolle Gebirgsbildungstheorie zitiert worden, sie gab aber keinen Anreiz zu einer Weiterentwicklung. Später hat die **Expansionstheorie** immer wieder Anhänger gefunden. Ihr gemäß vergrößert die Erde stetig ihr Volumen; das erklärt leicht die Vergrößerung der Ozeanfläche, ohne daß dabei Lithosphärenplatten in einem komplizierten Mosaik wandern müssen. Die physikalischen Grundlagen einer erheblichen Vergrößerung des Erdvolumens nach ihrer ersten Ausgestaltung vor mehr als 4,2 Milliarden Jahren sind allerdings äußerst schwach. Deckengebirge als extreme Einengungsformen lassen sich kaum erklären.

Es spricht immerhin für die Durchschlagskraft der plattentektonischen Ansichten, daß vor ihrer Einführung in den Lehrbüchern und Vorlesungen meist ein halbes Dutzend von Gebirgsbildungstheorien als grundsätzlich möglich abgehandelt wurde, während sie heute oft nicht einmal mehr als historisch erwähnt werden. Ganz einfach deshalb: die Plattentektonik ist die erste geodynamische Theorie, die ohne weiteres gleichzeitige Einengungs- und Ausweitungsformen der Lithosphäre erklären kann. An diesem Problem waren eigentlich alle früheren Hypothesen mit Ausnahme der Kontinentaldrift ALFRED WEGENERS und der wahrhaft seherhaft plattentektonische Anschauungen vorwegnehmenden Unterströmungstheorie OTTO AMPFERERS gescheitert.

11.2 Horizontale Scherzonen in kontinentaler Kruste

Die klassische Plattentektonik befaßt sich überwiegend mit horizontalen Bewegungen ozeanischer Lithosphären-Platten und Vorgängen an Plattenrändern. Innerkontinentale horizontale Relativbewegungen waren ihr zunächst eher fremd. Die weitergehende Erforschung der kontinentalen Erdkruste hat auch hier die Bedeutung horizontaler Bewegungen entdeckt.

Der immer wieder angezweifelte oder doch auf kleinere Beträge eingeschränkte Deckenbau der Alpen wird jetzt allgemein anerkannt. Dies gilt auch für Orogene, die bisher als einfache Faltengebirge angesehen wurden, wie das Rheinische Schiefergebirge. Auch hier fanden sich flache Oberflächenstrukturen von vielen Kilometern oder Zehnern von Kilometern relativer Horizontalbewegung (Ebbe-Sattel, Gießener Grauwacken-Decke). Auch geophysikalisch wurde erwiesen, daß in der tieferen kontinentalen Kruste flach liegende Überschiebungsbahnen vorkommen. Scherzonen regionalen Ausmaßes, je nach aufgeschlossenem Niveau kenntlich an Kataklasiten und Myloniten, werden in vielen Gebirgen neu entdeckt oder erstmals als solche erkannt. Mylonite sind „in Mode gekommen".

Ein besonders schönes Beispiel für die Umkehr von Ansichten über die Rolle von horizontalen Bewegungen stellt die Münchberger Gneismasse in Oberfranken dar (Abb. 11.1). In 100 Jahren wurde sie mehrfach als Ferndecke und wieder als vertikaler Pfropfen gedeutet. Jetzt gilt ihre Herkunft als Decke aus dem südlich des Fichtelgebirges gelegenen Moldanubikum als gesichert (Abb. 11.1 oben), seit die Wildflysch-Natur der Bayerischen Fazies des Frankenwald-Paläozoikums als solche erkannt wurde.

Weitreichende horizontale Relativbewegungen innerhalb kontinentaler Kruste und Lithosphäre, allenfalls indirekt mit den Bewegungen von ganzen Litosphärenplatten gekoppelt, sind als Subfluenz bezeichnet worden. Sie spielen wohl eine größere Rolle als früher angenommen.

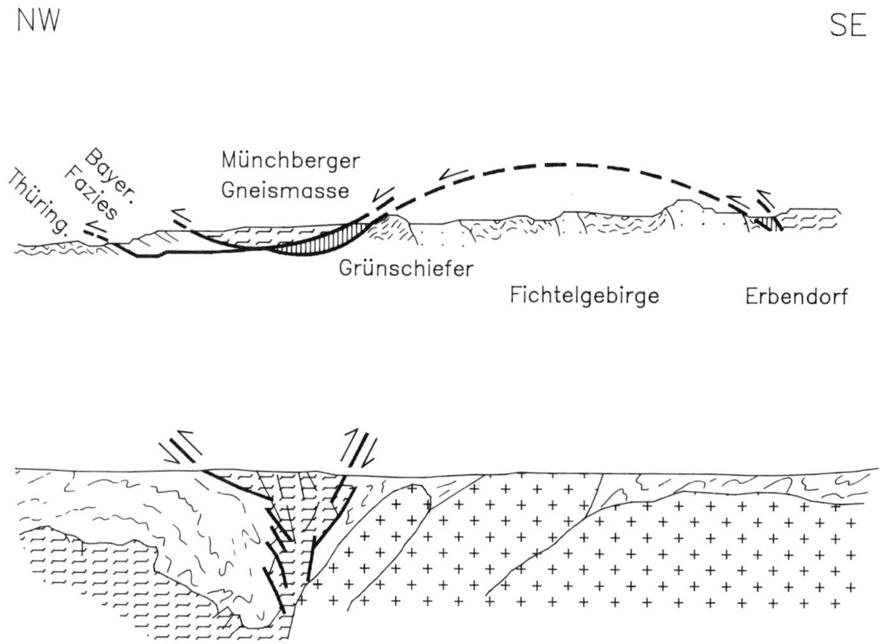

Abb. 11.1 Die tektonische Stellung der Münchberger Gneismasse in Nordost-Bayern in mobilistischer Sicht (oben; z.B. nach WURM 1929 und THIELE 1966) und in fixistischer Sicht (unten; nach VON GAERTNER 1951) an Hand von zwei Beispielen aus vielen. Einer der Gründe für die Position der Kontinentalen Tiefbohrung südlich von Erbendorf ist die Überprüfung der deckentheoretischen Deutung im Bereich der angenommenen Wurzelzone der Münchberger Gneismasse. (Nach BEHR et al. 1980, Abb. 6, umgezeichnet).

11.3 Konvektionswalzen – der übliche Ansatz

Das gängigste Modell für die Dynamik der Plattentektonik ist das der Konvektion: Gegenüber seiner Umgebung relativ warmer Mantel steigt in Gestalt der beschriebenen Mantle plumes auf, im wesentlichen in festem Zustand. Wo er die Lithosphäre erreicht, wird er teilweise verflüssigt; das Magma ergießt sich einerseits auf den Ozeanboden und bildet dort Vulkane, teilweise erstarrt es in den Sheeted dykes, teils noch tiefer in Form von Gabbros und Ultrabasiten. Dieser aufsteigende Material- und Wärmestrom kann aber nur dann über längere Zeit bestehen bleiben, wenn die ozeanische Lithosphäre nach der Seite weggleitet. Daß dies der Fall ist, wissen wir von der Wanderung vulkanischer Inseln über die Hot spots, von der paläomagnetischen Streifung, von den Altersbestimmungen der ozeanischen Kruste selbst und vom nach beiden Seiten zunehmenden Alter der sedimentären Auflage. Die Zunahme der Fläche eines Ozeans muß aber – schließen wir eine Expansion der Erdoberfläche als Ganzes aus – kompensiert werden durch die Verschluckung an Subduktionszonen. Da die ozeanische Asthenosphäre als Träger der bewegten Lithosphäre wesentlich höher im Erdmantel sitzt als die kontinentale (ca. 50—100 km gegen 100—200 km unter der Erdoberfläche), ist die Verschluckung nicht als rein passiver Vorgang — Schub von hinten her — zu erklären. Es ist die Frage, ob die im Verhältnis zur Oberfläche recht dünne ozeanische Lithosphäre überhaupt ohne Falten und Brüche den Druck aus den mittelozeanischen Rücken aufnehmen und weiterleiten könnte. Außerdem: Neubildung ozeanischer Rücken kann nur erfolgen, wenn Raum dafür geschaffen wird. Würde die ozeanische Lithosphäre nur gewaltsam an und unter die kontinentale gepreßt, so wäre der Sea-floor spreading-Vorgang schwer vorstellbar und auch quantitativ nicht faßbar.

Es ist daher anzunehmen, daß zumindest ein Teil der Bewegung der Platten an den Subduktionszonen initiiert wird. Der abwärtssteigende Ast der üblicherweise zwischen ozeanischem Rücken und Subduktionszone gezeichneten Konvektionszelle ist ebenfalls aktiv und nicht nur passiv an ihrem Antrieb beteiligt. Dazu muß gefordert werden, daß die ozeanische Lithosphäre schwerer ist als die kontinentale. Dieser Dichteunterschied ist durch ihre Abkühlung während der Jahrmillio-

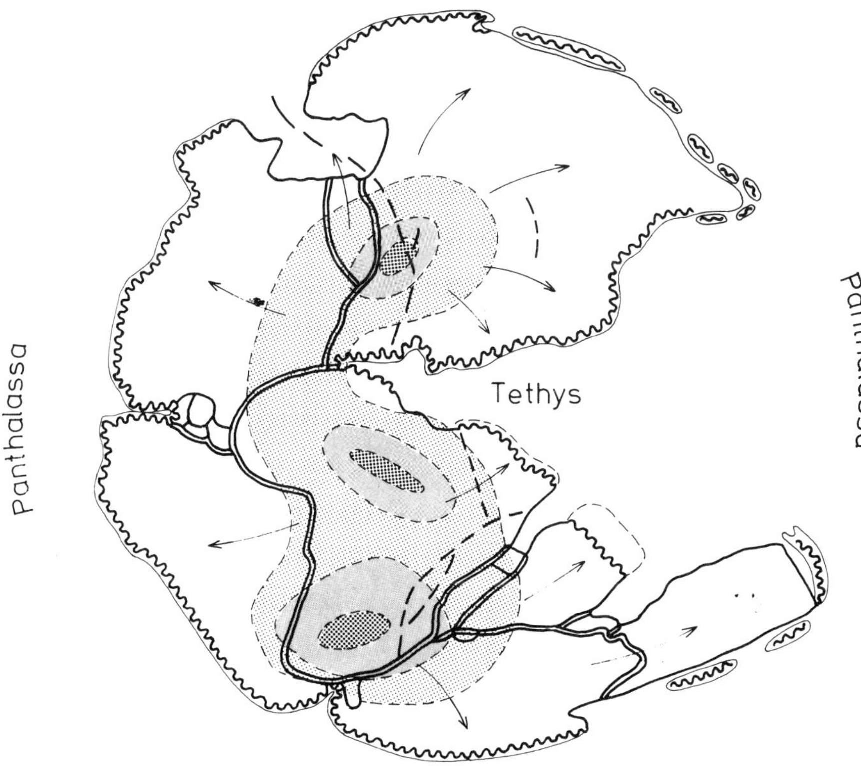

Abb. 11.2 Hypothetische „Konvektionstumore“ unter dem Großkontinent Pangäa als Ausgangspunkte für die seit der Kreide wirkende Zerfallsbewegung. Es scheint von einer einzigen Konvektionswalze ausgegangen zu werden. (Aus BISCHOFF 1985, Abb. 4).

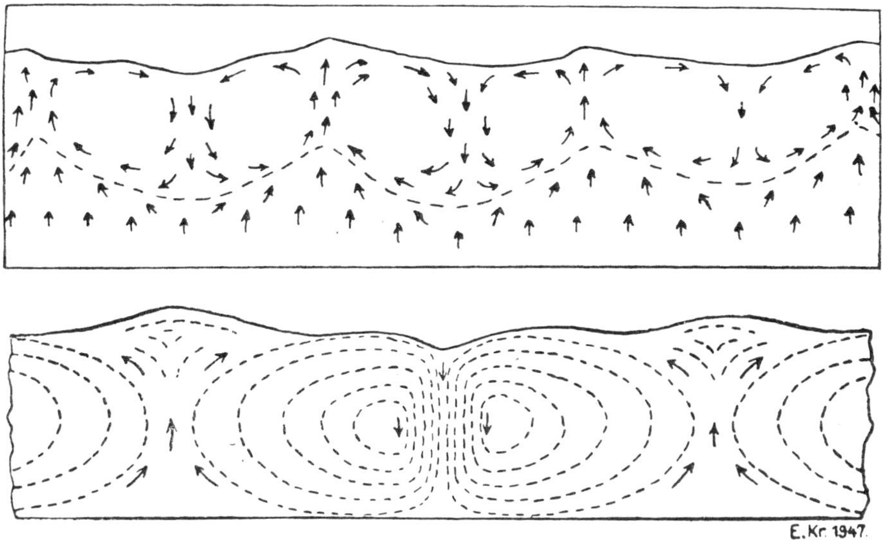

Abb. 11.3 Vorstellungen von Konvektionsströmen unter der Erdoberfläche aus der Zeit vor der Definition der Plattentektonik. Oben ein theoretisches Bild von relativ kleinen Konvektionswalzen, hervorgerufen durch einen mehr oder weniger gleichförmig nach oben gerichteten Strom von Erdwärme. „Meeressenken" entstehen demnach über absteigenden Strömen. Unten, nach einem Experiment von GRIGGS gezeichnet, Konvektionsströme in einer zähen, von unten erwärmten Flüssigkeit. (Aus KRAUS 1959, Abb. 87 und 88).

nen ihres Weges einerseits und die stetige Aufheizung der mächtigen kontinentalen Kruste durch den Zerfall der in ihr konzentrierten radioaktiven Elemente Uran, Thorium und ^{40}Kalium andererseits erklärbar (Abb. 11.2).

Kontinentale Kruste wird manchmal in den Subduktionsprozeß einbezogen, wie etwa das blinde Enden paläozoischer Faltenstränge an der chilenischen Küste beweist. Doch ist dies ebenso eine Ausnahme wie die Obduktion ozeanischer Kruste auf Akkretionskeile hinauf. Auch das Anschweißen von allochthonen Terranes an Kontinente ohne ihre Träger-Lithosphäre zeigt, daß im wesentlichen nur ozeanische Lithosphäre subduziert wird; Kontinente bleiben im allgemeinen an der Oberfläche.

Die wichtigste Frage ist: Wie und wo schließt sich in der Tiefe der Kreislauf der Konvektionszellen (Abb. 11.3; 11.4; 11.5; 11.6)? Hierüber lassen sich nur Vermutungen anstellen. Die Erstreckung der Erdbeben-Tätigkeit in den BENIOFF-Zonen bis in 700 km Tiefe zeigt an, daß bis in diese Tiefen Relativbewegungen zwischen der subduzierten ozeanischen Platte und der das Gegenlager bildenden kontinentalen Platte stattfinden. Die Abwärtsbewegung der subduzierten Lithosphäre reicht also mindestens bis dort. In größerer Tiefe gleichen sich entweder die Bewegungen beider Zellen an oder sie trennen sich in zwei Äste, die jeweils zum zugehörigen ozeanischen Rücken zurückkehren.

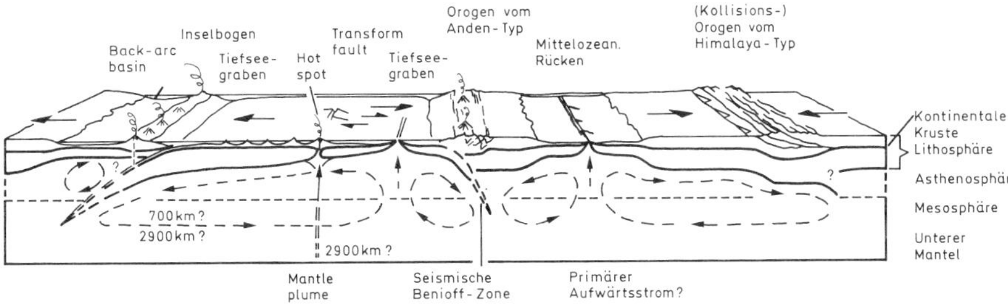

Abb. 11.4 Eine Zusammenfassung plattentektonischer Begriffe. Auffällig ist an der Darstellung in diesem Zusammenhang, daß die Unkenntnis über die Tiefenerstreckung der Konvektionswalzen (700 km?–2900 km?) offen zugegeben wird. (Nach GROHMANN 1985, Abb. 1).

Da das Volumen konzentrischer Kugelschalen-Segmente gleicher Dicke mit Vergrößerung des Abstandes von der Erdoberfläche kleiner wird, müßte in großer Tiefe entweder die Geschwindigkeit der Strömung sehr viel größer oder die Mächtigkeit der einbegriffenen Mantelschale wesentlich stärker werden, um bei gleichbleibendem Volumen der Gesamterde den Kreislauf schließen zu können. Die Dichtedifferenz reicht nicht aus, um die Volumenunterschiede zu kompensieren wie eine einfache Rechnung zeigt: eine Kugelschale zwischen 6300 km und 6000 km Radius hat ein Volumen von 143×10^9 km^3, eine Kugelschale zwischen 3300 km und 3000 km Radius nur 37×10^9 km^3.

Da zumindest seit dem Proterozoikum, das heißt seit etwa 2500 Millionen Jahren, der Chemismus der Basalte der ozeanischen Rücken sich nicht wesentlich geändert hat, der Erdkern aber eine völlig abweichende Zusammensetzung hat, ist es wiederum unwahrscheinlich, daß die Konvektionszellen bis an die Kern/Man-

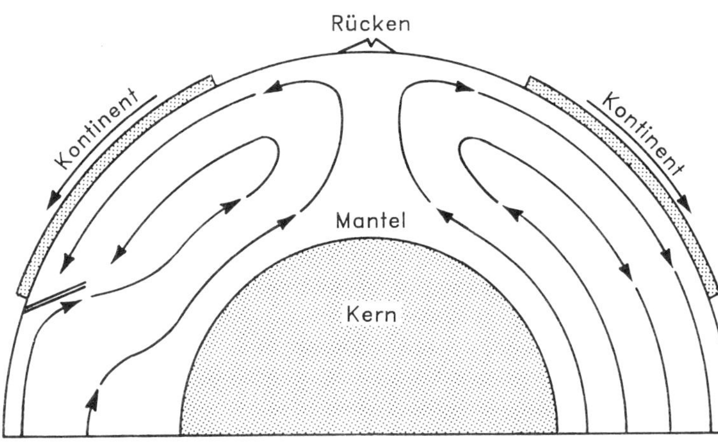

Abb. 11.5 Ein Beispiel aus der Literatur für die Annahme bis zur Kern/Mantel-Grenze reichender Konvektionsströme als Antrieb der Plattentektonik. (Aus CONDIE 1976, Abb. 6-23).

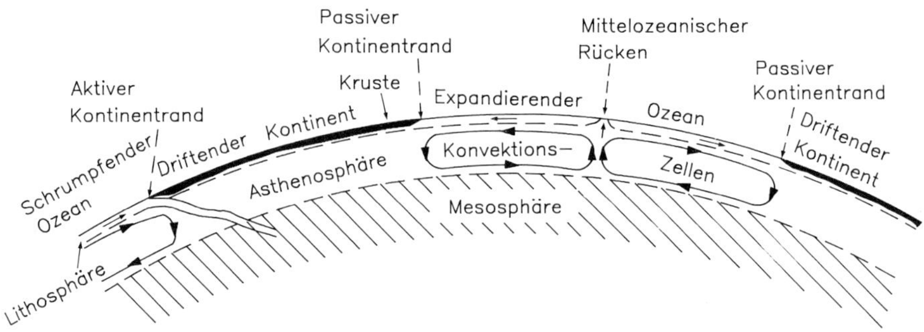

Abb. 11.6 Ein Beispiel für die Annahme extrem flacher Konvektionswalzen. Der gesamte Materialtransport spielt sich in der nur wenige hundert Kilometer mächtigen Asthenosphäre ab. Tiefere Teile des Erdmantels bleiben vom konvektiven Kreislauf unberührt. (Aus CONDIE 1976, Abb. 6-24, umgezeichnet).

tel-Grenze greifen. Sonst müßten in den Kreislauf der Konvektion im Verlauf der Erdgeschichte eisenreichere und an allen anderen Elementen ärmere Bestandteile eingebracht worden sein; dies ist aber nicht der Fall. Auch die Entwicklung der radioaktiven Elemente und ihrer Tochter-Isotope spricht für eine Trennung von unterem und oberem Mantel.

Man kann daher vermuten, daß die großen Konvektionszellen sich von der Untergrenze der BENIOFF-Zone nur so weit ins Erdinnere erstrecken, daß ihre Geschwindigkeit etwa gleich bleibt und die Zelle symmetrisch aussieht. Dann erfolgt der Rückfluß aus den Subduktionszonen zu den großen Spaltensystemen bei einem Radius von 4700 km und muß wegen des kleineren Volumens der dortigen Kugelschalen gleicher Dicke gut eineinhalb mal so mächtig sein wie der Massenstrom an der Oberfläche der Erdkugel. Die Annahme solcher Zirkulationszellen im mittleren und oberen Erdmantel ist die übliche Theorie zur Erklärung der plattentektonischen Abläufe. Je nach Autor liegt der Schwerpunkt der Initialkräfte beim Aufstieg der Mantle plumes unter den ozeanischen Rücken oder beim Absinken der ozeanischen Kruste in den Subduktionszonen. Einen gewissen Beitrag zur Horizontalbewegung der Platten mag auch das gravitative seitliche Absinken der ozeanischen Rücken selbst spielen, doch ist dies nur ein Sekundäreffekt, da die ozeanischen Rücken vorher erst einmal gebildet sein müssen.

Unter diesen Voraussetzungen kann man damit rechnen, daß der Umlauf einer großen Konvektionszelle mit durchschnittlich 3 cm pro Jahr vor sich geht. Das bedeutet bei einem Weg von 9000 km (3000 km zur Subduktionszone hin, 1500 km nach unten, 3000 km zurück und 1500 km nach oben) eine Umlaufdauer von etwa 300 Millionen Jahre. Diese Zahl liegt in der Größenordnung der Zeit, in der Veränderungen im Großplattenmuster der Erde vorzukommen pflegen. Die großen Konvektionszellen scheinen also nur einmal „umzulaufen", bevor ein weiterreichender Mechanismus zu ihrer Neueinstellung führt. Kleinere Konvektionszellen haben demzufolge eine kürzere Lebensdauer. Man sieht dies etwa am weniger als 100 Millionen Jahre durchhaltenden Penninischen Ozean der Alpen oder am noch kurzlebigeren Randmeer des Oberjuras in den südpatagonischen Anden.

Obwohl über die Subduktionszonen Sedimentgesteine sowie gelegentlich auch größere Teile kontinentaler Kruste in den Kreislauf eingespeist werden, veränderte sich der Durchschnitts-Chemismus der aufsteigenden Magmen doch seit dem Proterozoikum allenfalls nur wenig. Das mag daran liegen, daß dieser Kreislauf nicht vollständig geschlossen ist, zumal die Mantle plumes und die ozeanischen Rücken über solche Zeiträume nicht konstant bleiben, also schon von sich aus gemischtes Material fördern. Die durch Differentiation und darüberliegende Sedimente veränderte und kontaminierte ozeanische Kruste samt gelegentlichen Kontinent-Schollen wird beim Weg durch den Mantel vielfach mit juvenilem Mantelmaterial verdünnt und vermengt.

Ein ungelöstes Rätsel ist die Anordnung der ozeanischen Rücken um Afrika und die gleichzeitige Existenz der ostafrikanischen Grabenzone. Man mag argumentieren, Afrika wiche eben nach Norden aus. Der Betrag, um den Afrika sich seit der Kreide nach Norden, Europa zu, bewegt hat, reicht aber nicht aus, die Fläche der neu entstandenen ozeanischen Kruste im Westen, Süden und Osten zu kompensieren. Noch deutlicher, wenn auch selten erwähnt, ist dasselbe Problem in Antarktika. Man sieht es halt wegen der üblichen Mercator-Projektion der Weltkarten nicht! Tatsächlich ist die Antarktis fast vollständig von aktiven ozeanischen Spalten umgeben (Abb. 11.7). Nur ein winziges Stück, knapp 400 km lang, an der Nordwestseite der Süd-Shetland-Inseln, und ein ebenso kleines am Ostrand der Süd-Sandwich-Inseln sind seit einigen Millionen Jahren Subduktionszonen. Andererseits ist auch die Antarktis wie Afrika von einem zentralen Graben durchzogen, der Weddell-See und Ross-See verbindet (siehe auch Kap. 4.6).

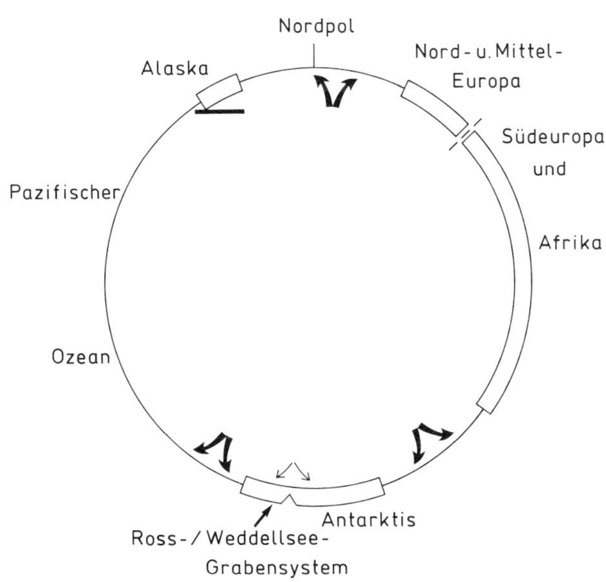

Abb. 11.7 Ein schematischer Schnitt durch die Erde im Meridian 165 °W/15 °E. In dieser selten dargestellten Schnittlage wird besonders deutlich, daß Antarktika seit langer Zeit auf allen Seiten von Spaltenzonen umgeben und – ähnlich Afrika – auch in seiner Mitte gespalten ist.

Wenn man nicht den ganzen Sea-floor spreading-Mechanismus in Frage stellen will, gibt es nur zwei Erklärungsmöglichkeiten für diese Entwicklung: entweder die Expansionstheorie oder ein Wandern der Zentralspalten der betreffenden ozeanischen Rücken mit der halben Geschwindigkeit der Krustenneubildung von Afrika und von der Antarktis weg. Zwischen Afrika und Antarktis ist die Lage besonders kompliziert, da beide Platten hier auseinanderdriften. Eine elegante Lösung für das Wandern der ozeanischen Rücken wäre die Annahme einer stetigen Volumenvergrößerung der Erde, wie sie die Expansionstheorie fordert. Dagegen sprechen aber physikalische Gründe ebenso wie die geologisch nachgewiesene Konstanz des Pazifischen Ozeans seit dem Phanerozoikum und die Existenz eines Paläoatlantiks und einer großen Tethys im Altpaläozoikum. Nur die Annahme globaler Unterströmungen macht die Expansionstheorie unnötig und vermeidet die Probleme regional gebundener Konvektionszellen.

11.4 Globale Unterströmung – Ausweg oder Irrweg?

Die Spiegelsymmetrie der ozeanischen Rücken täuscht. Sie ist nur oberflächlich. Der Material- und Wärmeaufstieg unter ihnen wandert – von Afrika und Antarktika weg. Entsprechend schwierig wird es, einfache Konvektionszellen als ursächlichen Motor der Plattenbewegung anzusehen. Wo sind in den fraglichen Bereichen die absteigenden Äste, die definitionsgemäß zu Konvektionszellen gehören?

Versuche, das Paradoxon der (fast) allseitig von Spreading-Zentren umgebenen Afrika- und Antarktis-Platte zu erklären, sind mehrfach angestellt worden (Abb. 11.8; 11.9; 11.10). Sie operieren mit nur zwei einander gegenüberliegenden

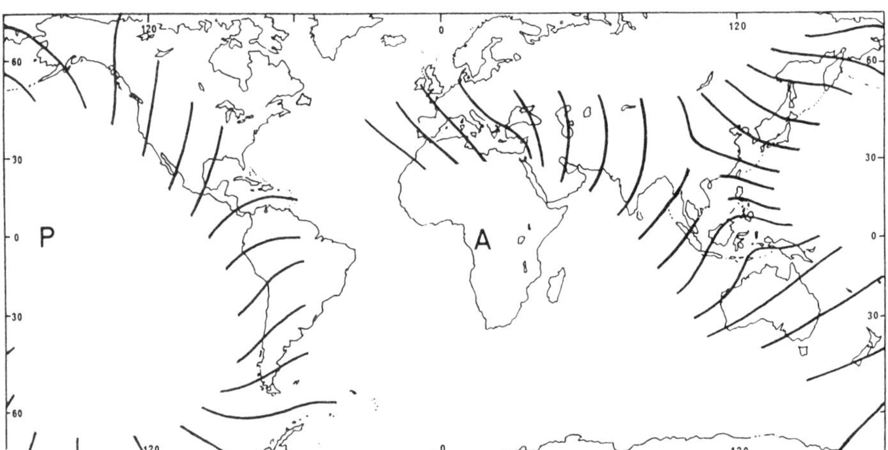

Abb. 11.8 Linien maximaler horizontaler Hauptspannungen, konstruiert aus dem System känozoischer Blattverschiebungen an großen Plattenrändern. Hieraus wieder ergibt sich ein Bild von nur zwei „geotektonischen Zentren" (P = Pazifik; A = Atlantik), von denen Mantelmaterial nach den Seiten weg fließt. (Aus PAVONI 1986, Abb. 3).

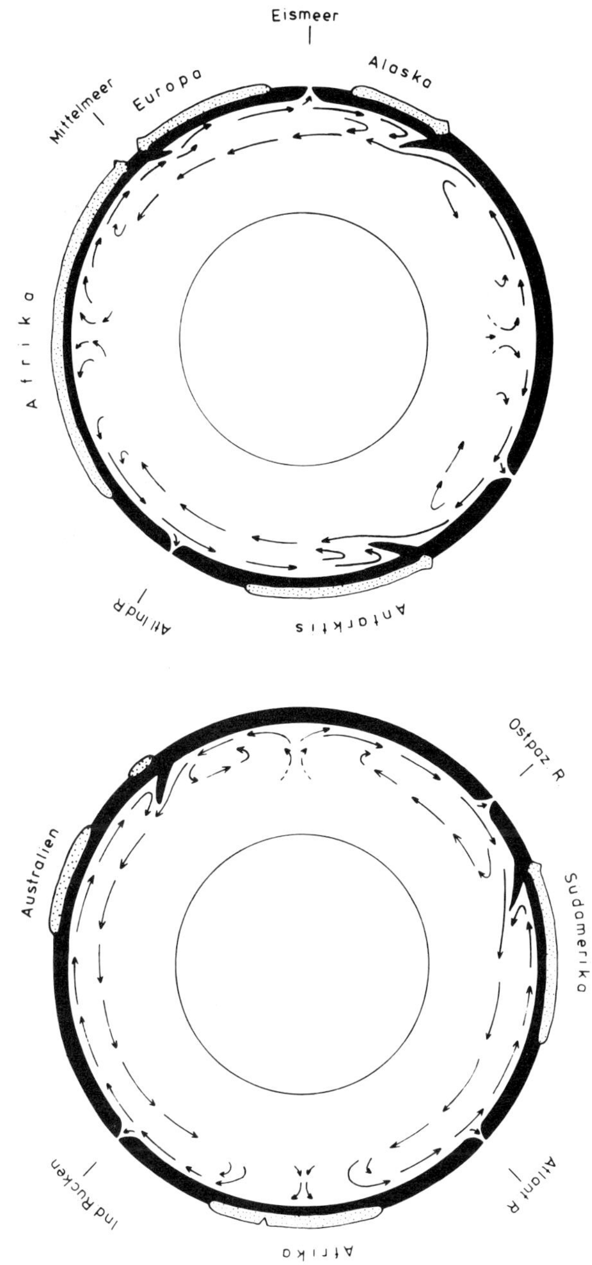

Abb. 11.9 Zwei Schnitte durch die Erde mit der Darstellung eines afrikanischen und eines pazifischen Aufstromes. Schwer verständlich bleibt in diesem Modell, warum der Ostpazifische und der Atlantische Rücken sich aus kleinen Abzweigen eines kontinuierlichen horizontalen Massenstroms ernähren, während die eigentlichen Aufströme unter Afrika und unter dem zentralen Pazifik wenig oder gar keinen Effekt an der Oberfläche erkennen lassen. (Aus BISCHOFF 1985, Abb. 9).

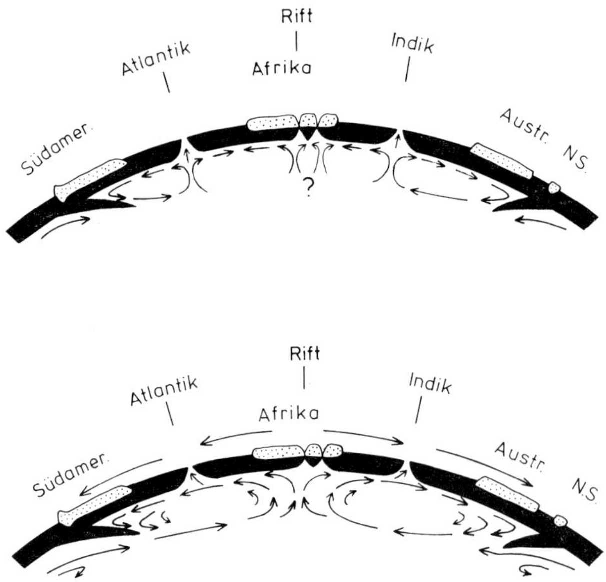

Abb. 11.10 Aus diesem Vergleich wird der Unterschied zwischen der Annahme räumlich begrenzter Konvektionswalzen der üblichen plattentektonischen Darstellungen (oben) und ausgedehnteren Strömungszonen (unten) deutlich. Unterhalb der Subduktionszonen herrscht im unteren Bild teilweise gleichgerichtete Strömung, wodurch Masse des pazifischen Ozeanbodens in den relativ jungen Indischen bzw. Atlantischen Ozean transportiert wird. (Aus BISCHOFF 1985, Abb. 5a, b).

Haupt-Aufströmzellen unter Afrika und unter dem Pazifik, also einerseits unter kontinentaler, andererseits unter ozeanischer Kruste.

Ein anderer Ansatz, der diese Problematik berücksichtigt, folgt in gewisser Weise der **Unterströmungstheorie** AMPFERERS und KRAUS' (Abb. 11.11). Da die Asthenosphäre rund um die Erde existiert, trennt sie grundsätzlich die Rotationsbewegung der Lithosphäre von der des Mantels und des Erdkerns ab. Die tägliche Drehung der Lithosphäre wird daher stärker von exogenen Reibungsverlusten – Winde, Gezeiten, Meeresströmungen – gebremst als der Erdmantel unter der Asthenosphäre. Sie bleibt daher relativ dazu zurück oder vollzieht, anders ausgedrückt, insgesamt eine Relativbewegung zum mittleren und tieferen Erdmantel entgegen der Erddrehung (Abb. 11.12). Entsprechendes sollte für tiefere Zonen

▶

Abb. 11.11 Querschnitte durch Nord- und Südamerika sowie den Atlantik aus „vorplattentektonischer" Zeit. Die Vorstellung eines West-Ost-gerichteten Tiefenstroms als Antrieb der Aufströme unter den marinen Schwellen und der Abströme unter den untermeerischen Becken wurde von E. KRAUS 1951 konzipiert. Ähnlichkeiten mit heutigen Darstellungen von BISCHOFF (vgl. Abb. 11.9, 11.10) sind nicht zu verkennen. Allerdings wechselt bei BISCHOFF die globale Unterströmung mehrmals die Richtung. (Aus KRAUS 1971, Abb. 144).

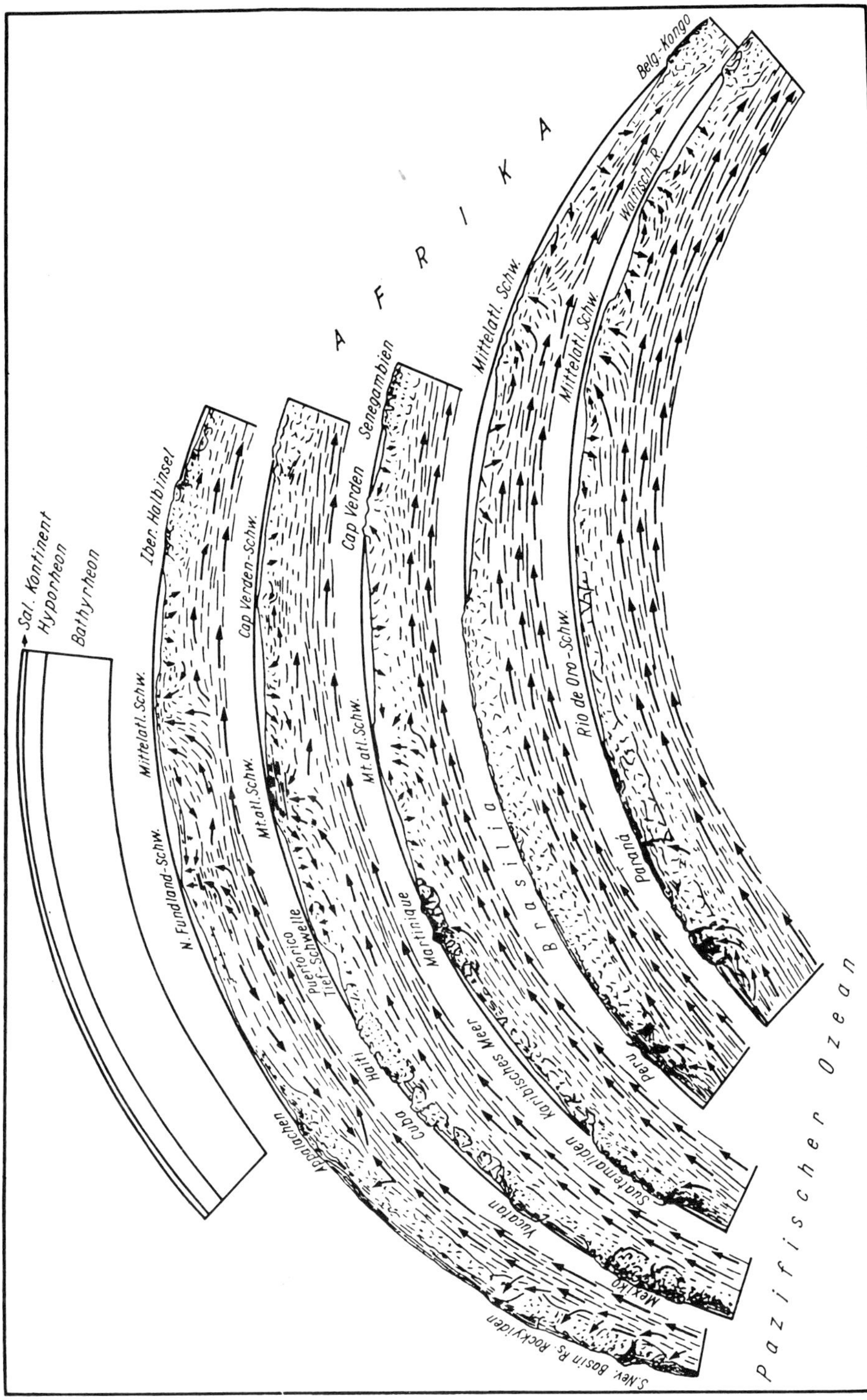
Sal. Kontinent
Hyporheon
Bathyrheon
Iber. Halbinsel
Mittelatl. Schw.
N. Fundland-Schw.
Appalachen
Cap Verden-Schw.
Mt.atl.Schw.
Puertorico Tief-Schwelle
Haiti
Cuba
Yucatan
S.Nev. Basin Rs. Rockyiden
Cap Verden
Senegambien
Mt.atl.Schw.
Martinique
Karibisches Meer
Mexiko
A F R I K A
Mittelatl. Schw.
Brasilia
Peru
Belg.-Kongo
Walfisch-R.
Mittelatl. Schw.
Rio de Oro-Schw.
Paraná
Pazifischer Ozean

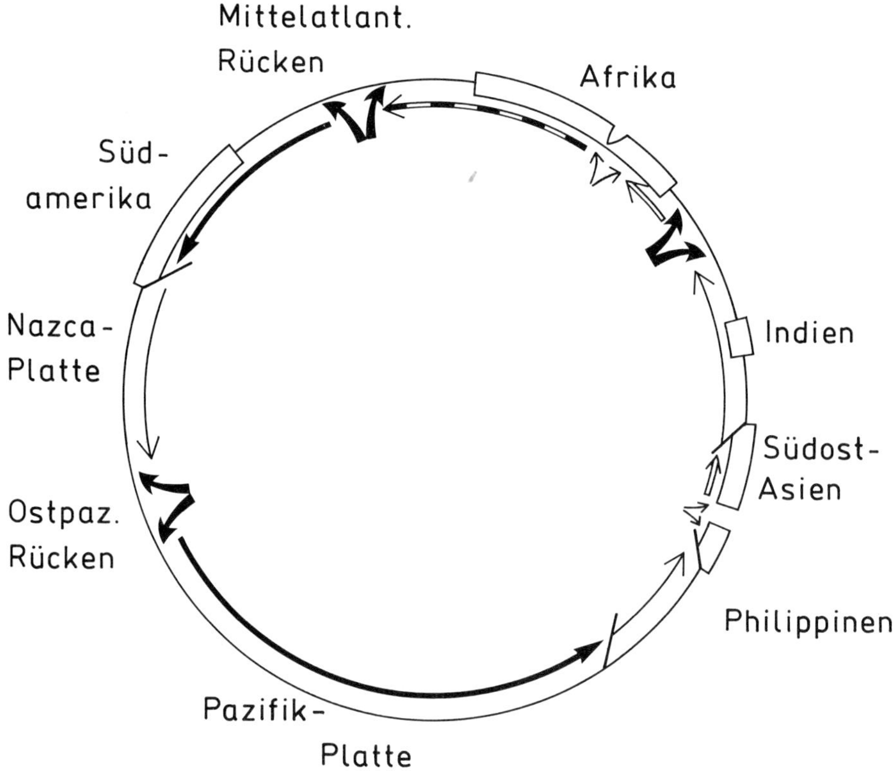

Abb. 11.12 Ein schematischer schräger Schnitt durch die Erde durch einen Großkreis (Umfang), dessen Pol bei 70 °N/75 °W liegt. Hier wird (im Vergleich zu Abb. 11.7) besonders deutlich, wie Afrika von Spaltensystemen umgeben ist. Die den Umfang innen begleitenden Kreisbögen sollen eine gleichmäßige erdumfassende Unterströmung darstellen. Die Stärke der Linien hat nicht die Bedeutung von Geschwindigkeiten, sondern soll unterschiedlich starke Reibungskopplung der Lithosphäre an dieses Unterströmungssystem im Bereich der Asthenosphäre andeuten. Wo schwächere Kopplung von stärkerer Kopplung abgelöst wird, entsteht eine Schwächezone, an der Mantelmaterial aufsteigen kann; wo stärkere Kopplung an schwächere stößt, entsteht eine absteigende Massenströmung (Subduktionszone). Dadurch bilden sich letztlich Massenwalzen, die aber nicht primär durch Hot spots oder Mantle plumes in Bewegung gesetzt werden, sondern Folge von gleichmäßiger Unterströmung und unterschiedlicher Reibungskopplung mit der Lithosphäre sind. Damit wird ein Wandern der ozeanischen Spaltenzonen erklärt, ohne daß eine Verschiebung der aus anderen Gründen (Kap. 8) ja ortsfest zu denkenden Hot spots gefordert werden müßte.

des Erdmantels gelten, die weniger stark oder gar nicht in die Konvektionszellen des höheren Mantels einbezogen sind.

Ob nun eine Spalte im Kontinent aufreißt und zum Ozean wird, oder ob zwei Platten sich begegnen und einander überschieben, ist bei dieser Betrachtungsweise eine Frage der **Reibungskopplung** zwischen Lithosphäre einerseits und

Mesophäre des Erdmantels andererseits (Abb. 11.12). An Stellen der Verstärkung dieser Kopplung wird eine Spalte aufreißen und zum Ozean werden; trifft eine gut gekoppelte Platte an eine weniger gut angebundene, so wird sie diese an einer Subduktionszone unterfahren.

Zahlreiche Darstellungen gerade der Kontinent/Kontinent-Kollisionen kennen derartige eher horizontale als abtauchende Unterschiebungen. Der größte Vorteil dieser Betrachtungsweise liegt darin, daß sie die Existenz der Spalten, die Afrika und Antarktika umgeben und durchsetzen, einfach erklärt. Sie erspart die Vorstellung einer Folge von „halben“ Konvektionszellen ohne absteigende Äste um diese Kontinente herum. Sie vereinfacht auch die Annahme eines Wanderns der ozeanischen Rücken. Die damit verbundene Ortsveränderung der Mantle plumes wäre so nicht die *Ursache,* sondern die *Folge* des Wanderns der intra-ozeanischen und intra-kontinentalen Schwächezonen, die an ihrem wechselnden Ort das Aufsteigen von Material und Wärme erleichtern. Globale Unterströmung macht also die Annahme von Materialkreisläufen im Mantel zwischen Subduktionszonen und ozeanischen Rücken keineswegs überflüssig; diese Kreisläufe sind aber die Folge, nicht die Ursache der Plattenbewegung.

Die Möglichkeit der gleichzeitigen und absoluten Ortsbestimmung durch das Global Positioning System (GPS) und die Very Long Base Interferometry (VLBI) wird vielleicht in den nächsten Jahren exakte Daten zu Betrag und Richtung der Plattenbewegungen nicht nur zwischen Kontinenten, sondern auch zwischen ozeanischen Inseln beiderseits der mittelozeanischen Rücken liefern. Wesentlicher Vorteil dieser Methoden ist, daß nicht wie es schon ALFRED WEGENER versuchte, nur die Relativbewegung zweier Platten, sondern das absolute Bewegungsbild des gesamten Plattenmosaiks bestimmt wird.

11.5 Ausblick

Einerseits gibt die Plattentektonik eine derart geschlossene Erklärung aller größeren geologischen Erscheinungen, daß ihre Aussagen kaum generell in Zweifel gezogen werden können. Andererseits sind verschiedene Probleme letztlich ungelöst, ihre Deutung bleibt hypothetisch.

Hierzu zählt als erstes der Antriebsmechanismus. Reine Konvektion, von der Wärme des Erdkerns getrieben oder schwerkraftabhängig von den Subduktionszonen gesteuert? Globale Unterströmung, mit Konvektion im Erdmantel als Sekundär-Effekt? Was sind Mantle plumes wirklich? Wo ist der wärmeerzeugende Sitz der Hot spots? Diese Fragen hängen eng zusammen mit dem Problem der Konvektionszellen-Größe. Ein Versuch, sie grob abzuschätzen, wurde in Kap. 11.3 unternommen; er mag größenordnungsmäßig stimmen, aber wer weiß schon Genaues?

Ebenso problematisch ist die Frage nach dem Wesen der Asthenosphäre. Da sowohl das aufsteigende Material der ozeanischen Spaltensysteme wie das absteigende der Subduktionszonen sie glatt durchlaufen, kann sie nur einen Zustand des oberen Mantels darstellen, nicht eine chemisch abgrenzbare Einheit. Warum liegt sie dann unter den Kontinenten tiefer als unter den Ozeanen? Rein druckbedingt kann ihre Existenz also nicht sein. Temperaturbedingt?

Ein weiteres grundlegendes Problem, das einer Lösung harrt, ist die Plattenkonfiguration und Plattenbewegung vor dem Mesozoikum und vor allem vor dem Paläozoikum. Ozeanboden mit paläomagnetischen Streifen existiert aus dieser Zeit nicht mehr. Wir sind auf geologische Argumente aus den Kontinenten und auf die remanenten Magnetisierungsrichtungen von kontinentalen Gesteinen angewiesen. Diese sind im Präkambrium aber nur ungenau datierbar und daher schwer miteinander vergleichbar. Auch ist über die Struktur des präkambrischen Erdmagnetfeldes nichts Näheres bekannt. Sie ist grundsätzlich nicht immer dieselbe gewesen. So gab es beispielsweise vor der Oberkreide lange Perioden ohne die raschen Wechsel in der Polarität, die für jüngere Zeiten so überaus typisch sind.

Gebirgsstrukturen und die geochemische Zusammensetzung der Magmen deuten darauf hin, daß Kollisionstektonik im Stil der Plattentektonik zumindest im jüngeren Präkambrium sich ähnlich abgespielt hat wie heute. Interpretationen paläomagnetischer Daten müssen mit den Orogen-Mustern der betreffenden Zeit in Einklang stehen.

Alles in allem gilt es bei der Frage nach den wahren Ursachen der Plattenbewegung Humor zu bewahren. Man weiß zwar — oder glaubt zu wissen —, daß Massenkreisläufe stattfinden und daß sie rechnerisch durch Konvektion angetrieben werden können. Aber niemand weiß bis heute genau, was in der Tiefe wirklich vor sich geht.

11.6 Schluß

Seit der grundsätzlichen Konsolidierung der Geologie als eigener Wissenschaft um die Mitte des 19. Jahrhunderts hat keine Theorie sie mehr befruchtet als die Plattentektonik. Wie kein anderes Konzept ist sie im Stande, alle endogenen und viele exogene Prozesse im Zusammenhang zu deuten. Sie hat nach vielen Jahrzehnten getrennter Entwicklung Geologie, Mineralogie/Petrographie und Geophysik wieder zusammengeführt. Es gibt heute schon Lehrbücher, die unter dem Titel „Plattentektonik" größere Teile der Geophysik und der endogenen Geologie behandeln. Dies war nicht Absicht dieses Buches; es soll die übliche Allgemeine Geologie nicht ersetzen und erst recht nicht spezielle Lehrbücher der Geophysik, der Strukturgeologie oder gar der Petrologie. Wenn der Leser nach der Lektüre die plattentektonischen Vorgänge und die wesentliche Nomenklatur kennt, so wird er es leicht haben, Spezialliteratur zu verstehen, falls er vorhat, weiter in die Fragen moderner Geotektonik einzudringen.

Weiterführende Schriften

BELOUSSOV, V.V. (1970): Against the hypothesis of ocean-floor spreading. – Tectonophysics, **9**: 489–511, Amsterdam.

BELOUSSOV, V.V. et al. (eds.) (1990): Critical aspects of the plate tectonics theory, Bd. 1, 435 S.; Bd. 2, 444 S.; Athen (Theophrastus).

BISCHOFF, G. (1985): Die tektonische Evolution der Erde von Pangäa zur Gegenwart – ein plattentektonisches Modell –. – Geol. Rdsch., **74:** 237–249; Stuttgart.

RUNCORN, S.K. (1962): Convection currents in the earth's crust – Nature, **195:** 1248–1249; London.

Quellenangaben für Abbildungen

(gleichzeitig weiterführende Literatur zu den betreffenden Themenkreisen)

Die betreffenden Abbildungen stehen in spitzen Klammern. Abbildungen ohne Quellenangaben sind Entwürfe bzw. Photographien des Verfassers.

AKIN, H. (1979): Geologie, Magmatismus und Lagerstättenbildung im ostpontischen Gebirge/Türkei aus der Sicht der Plattentektonik. – Geol. Rdsch., **68:** 253–283; Stuttgart. ⟨6.10, 6.11⟩

AMPFERER, O. (1941): Gedanken über das Bewegungsbild des atlantischen Raumes. – Sitz.-Ber. Akad. Wiss. Wien, Mathem.-naturwiss. Kl., Abt. I, **150:** 19–35; Wien. ⟨2.4⟩

ANGENHEISTER, G. & SOFFEL, H. (1972): Gesteinsmagnetismus und Paläomagnetismus. – 110 S., Berlin (Borntraeger). ⟨3.4, 3.9⟩

BISCHOFF, G. (1985): Die tektonische Evolution der Erde von Pangäa zur Gegenwart – ein plattentektonisches Modell –. – Geol. Rdsch., **74**: 237–249; Stuttgart. ⟨4.21, 11.2, 11.9, 11.10⟩

BEHR, H., ENGEL, W. & FFRANKE, W. (1980): Microtectonics '80, Guide to Excursion No. 2, 100 S.; Göttingen. ⟨11.1⟩

BÖGEL, H. & SCHMIDT, Kl. (1976): Kleine Geologie der Ostalpen. – 231 S., Thun (Ott). ⟨6.16⟩

CONDIE, K.C. (1976): Plate tectonics and crustal evolution. – 288 S., New York (Pergamon). ⟨3.7, 11.5, 11.6⟩

COX, A. & HART, R.B. (1986): Plate tectonics. How it works. – 392 S., Palo Alto (Blackwell). ⟨3.8, 3.11⟩

DEUTSCH, E. (1963): Polar wandering and continental drift: An evaluation of recent evidence. – ⟨in:⟩ MUNYAN, A.C. (ed.): Polar wandering and continental drift; Soc. Econ. Paleont. and Mineral., Spec. Publ. **10**: 4–46; Tulsa, Okl. ⟨3.6⟩

DEWEY, J.F. & BIRD, J.M. (1970): Plate tectonics and geosynclines. – Tectonophysics, **10**: 625–638; Amsterdam. ⟨9.3, 9.4⟩

DIETRICH, V.J. (1976): Plattentektonik in den Ostalpen. Eine Arbeitshypothese. – Geotekt. Forsch., **50**: 1–84; Stuttgart. ⟨6.14⟩

DIETRICH, V.J. & FRANZ, U. (1976): Ophiolith-Detritus in den santonen Gosau-Schichten (Nördliche Kalkalpen). – Geotekt. Forsch., **50**: 85–109; Stuttgart. ⟨6.12⟩

EINSELE, G. (1986): Interaction between sediments and basalt injections in young Gulf of California-type spreading centers. – Geol. Rdsch., **75**: 197–208; Stuttgart. ⟨4.3, 4.18⟩

FAURE, G. (1986): Principles of Isotope Geology, 2. Aufl. – 589 S., New York (Wiley). ⟨5.4⟩

FRISCH, W. (1977): Die Alpen im westmediterranen Orogen – eine plattentektonische Rekonstruktion. – Mitt. Ges. Geol. Bergbaustud. Österr., **24**: 263–275; Wien. ⟨6.13⟩

GROHMANN, N. (1985): Drift tectonics – the fundamental rhythm of crustal drift and deformation. – Geol. Rdsch., **74**: 267–310; Stuttgart. ⟨11.4⟩

HAY, W.W., BARRON, E.J., SLOAN II, J.L. & SOUTHAM, J.R. (1981): Continental drift and the global pattern of sedimentation. – Geol. Rdsch., **70**: 302–315; Stuttgart. ⟨4.22⟩

HUENE, R.v. (1986): To accrete or not accrete, that is the question. – Geol. Rdsch., **75**: 1–15; Stuttgart. ⟨6.6⟩

ILLIES, H. (1974): Intra-Plattentektonik in Mitteleuropa und der Rheingraben. – Oberrhein. geol. Abh., **23**: 1–24; Karlsruhe. ⟨4.4⟩

IRVING, E. (1979): Pole positions and continental drift since the Devonian. – ⟨in:⟩ M.W. MCELHINNY (ed.): The Earth. Its origin, structure and evolution; 567–593; London (Acad. Press). ⟨3.5⟩

KAY, M. (1951): North American geosynclines. – Geol. Soc. Amer., Mem., **48**: 143 S.; New York. ⟨9.1, 9.2⟩

KRAUS, E. (1959): Die Entwicklungsgeschichte der Kontinente und Ozeane, 1. Aufl.: 285 S.; Berlin (Akademie-Verl.). ⟨11.3⟩

KRAUS, E. (1971): Die Entwicklungsgeschichte der Kontinente und Ozeane, 2. Aufl.: 429 S.; Berlin (Akademie-Verl.). ⟨11.11⟩

LARSEN, R.L. & PITMAN III, W.C. (1972): World-wide correlation of Mesozoic magnetic anomalies, and its implications. – Geol. Soc. Amer., Bull., **83**: 3654–3662; Boulder, Col. ⟨4.26⟩

LOESCHKE, J. (1988): Metavulkanite aus der Phyllit-Gruppe der südlichen Saualpe (Kärnten, Österreich) und ihre plattentektonische Bedeutung. – Jb. Geol. B.-A., **131**: 301–314; Wien. ⟨5.2⟩

LOESCHKE, J. (1989): Lower Palaeozoic volcanism of the Eastern Alps and its geodynamic implications. – Geol. Rdsch., **78**: 599–616; Stuttgart. ⟨5.1⟩

MASON, B. & MOORE, C.B. (1985): Grundzüge der Geochemie. – 340 S., Stuttgart (Enke). ⟨5.3⟩

MEISSNER, R., HENRIET, J.P. and the GRAPE-Team (1988): Tectonic features northwest of the Antarctic Peninsula: New evidence from magnetic and seismic studies. – INACH Ser. Cient., **38**: 89–105; Santiago de Chile. ⟨4.11, 4.12, 4.13, 4.14⟩

MILLER, H. (1982): Geologic comparison between the Antarctic Peninsula and Southern South America. – ⟨in:⟩ C. CRADDOCK (ed.): Antarctic Geoscience; 127–134; Madison (Univ. Wisc.). ⟨4.17⟩

MILLER, H. (1983): Gebirgszusammenhänge zwischen Südamerika und der Antarktischen Halbinsel. – N. Jb. Geol. Paläont., Abh., **166**: 50–64; Stuttgart. ⟨4.20, 4.25⟩

MOODY, J.D. (1975): Distribution and geological characteristics of giant oil fields. – ⟨in:⟩ FISHER, A.G. & JUDSON, Sh., (eds.): Petroleum and global tectonics; 307–320; Princeton (Princeton Univ. Press). ⟨10.6⟩

PAVONI, N. (1986): Regularities in the pattern of major fault zones of the Earth and the origin of arcs. – ⟨in:⟩ WEZEL, F.-C. (ed.): The origin of arcs. Developments in Geotectonics; **21**: 63–78; Amsterdam (Elsevier). ⟨11.8⟩

RAMOS, V.A., JORDAN, T.E., ALLMENDINGER, R.W., MPODOZIS, C., KAY, S.M., CORTÉS, J.M. & PALMA, M. (1986): Paleozoic terranes of the central Argentine-Chilean Andes. – Tectonics, **5**: 855–880; Washington, D.C. ⟨7.3⟩

RONA, P.A. (1980): Global plate motion and mineral resources. – ⟨in:⟩ STRANGWAY, D.W. (ed.): The continental crust and its mineral deposits; Geol. Ass. Can., Spec. Pap. **20**: 607–622; Waterloo. ⟨10.1⟩

SAWKINS, F.J. (1984): Metal deposits in relation to plate tectonics. – 325 S.; Berlin (Springer). ⟨10.2, 10.3, 10.5⟩

SCHERMER, E.R., HOWELL, D.G. & JONES, D.L. (1984): The origin of allochthonous terranes: Perspectives on the growth and shaping of continents. – Ann. Rev. Earth Planet. Sci., **12**: 107–131; Palo alto. ⟨7.1⟩

SCHMINCKE, H.-U. (1986): Vulkanismus. – 164 S., Darmstadt (Wiss. Buchges.). ⟨4.1, 4.2, 8.1, 8.2, 8.3⟩

SMITH, A.G., HURLEY, A.M. & BRIDEN, J.C. (1982): Paläokontinentale Weltkarten des Phanerozoikums. – 102 S., Stuttgart (Enke). ⟨4.23, 4.24, 4.27, 4.28, 4.29, 4.30⟩

STATTEGGER, K. (1986): Multivariate statistische Auswertung von Schwermineraldaten der alpinen Gosau und Bezüge zur plattentektonischen Entwicklung der Ostalpen während der Oberkreide. – Geol. Rdsch., **75**: 341–352; Stuttgart. ⟨6.17⟩

UYEDA, S. (1981): Subduction zones and back arc basins – A review. – Geol. Rdsch., **70**: 552–569; Stuttgart. ⟨4.8⟩

VINE, F.J. (1966): Spreading of the ocean floor: New evidence. – Science, **154**: 1405–1415; Washington, D.C.. ⟨3.10⟩

WEGENER, A. (1962): Die Entstehung der Kontinente und Ozeane. – (Nachdruck der 4. Aufl.) 231 S.; Braunschweig (Vieweg). ⟨2.1, 2.3⟩

WERNER, W. (1990): Examples of structural control of hydrothermal mineralization: Fault zones in epicontinental sedimentary basins – A review. – Geol. Rdsch., **79**, 279–290; Stuttgart. ⟨10.5⟩

ZEIL, W. (1986): Südamerika. – 160 S.; Stuttgart (Enke). ⟨4.5, 4.19⟩

ZEIL, W. (1990): Brinkmanns Abriß der Geologie. 1. Bd.: Allgemeine Geologie, 14. Aufl. – Stuttgart (Enke). ⟨1.1⟩

ZIEGLER, P.A. (1977): Geology and hydrocarbon provinces of the North Sea. – GeoJournal, **1** (1): 7–32; Wiesbaden. ⟨10.7, 10.8⟩

Sachregister

HUBERT MILLER

Abriß der Plattentektonik

ISBN 3 432 **99731** 0

Zur Verbesserung zukünftiger Auflagen ist Ihre Meinung über dieses Buch für uns von großem Interesse. Wir bitten Sie deshalb um Beantwortung der nachfolgenden Fragen (bitte gut lesbar ausfüllen, nicht mit Bleistift):

---

1. Wie ist das Thema behandelt?

☐ zu ausführlich

☐ zu kurz

☐ angemessen

2. Wie ist der Stoff aufbereitet?

	leicht verständlich	schwer verständlich	übersichtlich	unübersichtlich	didaktisch	
					gut	weniger gut
Text						
Abbildungen						
Tabellen						
Gliederung						

3. Welches Kapitel hat Sie besonders angesprochen (warum)? ____________________

____

____

4. Welches Kapitel hat Ihnen am wenigsten zugesagt (warum)? ____________________

____

____

Bitte wenden!

5. Bemerkungen, Kritik, Hinweise auf Fehler, Anregungen:

Wir nehmen Sie gerne in unsere Informationskartei auf.
Dazu bitten wir Sie um folgende Angaben:

Name, Vorname

Adresse

Beruf (Studienfachrichtung)

Semesterzahl

Bitte trennen Sie dieses Blatt heraus und senden Sie es im Kuvert an:

Ferdinand Enke Verlag, Postfach 10 12 54, D-7000 Stuttgart 10

Besten Dank für Ihre Bemühungen!